Lan Ainufaie

Etude en Automatique

Lafi Alnufaie

Etude en Automatique

Commande MPPT et Optimisation d'un Système Photovoltaïque

Presses Académiques Francophones

Impressum / Mentions légales

Bibliografische Information der Deutschen Nationalbibliothek: Die Deutsche Nationalbibliothek verzeichnet diese Publikation in der Deutschen Nationalbibliografie; detaillierte bibliografische Daten sind im Internet über http://dnb.d-nb.de abrufbar.
Alle in diesem Buch genannten Marken und Produktnamen unterliegen warenzeichen-, marken- oder patentrechtlichem Schutz bzw. sind Warenzeichen oder eingetragene Warenzeichen der jeweiligen Inhaber. Die Wiedergabe von Marken, Produktnamen, Gebrauchsnamen, Handelsnamen, Warenbezeichnungen u.s.w. in diesem Werk berechtigt auch ohne besondere Kennzeichnung nicht zu der Annahme, dass solche Namen im Sinne der Warenzeichen- und Markenschutzgesetzgebung als frei zu betrachten wären und daher von jedermann benutzt werden dürften.

Information bibliographique publiée par la Deutsche Nationalbibliothek: La Deutsche Nationalbibliothek inscrit cette publication à la Deutsche Nationalbibliografie; des données bibliographiques détaillées sont disponibles sur internet à l'adresse http://dnb.d-nb.de.
Toutes marques et noms de produits mentionnés dans ce livre demeurent sous la protection des marques, des marques déposées et des brevets, et sont des marques ou des marques déposées de leurs détenteurs respectifs. L'utilisation des marques, noms de produits, noms communs, noms commerciaux, descriptions de produits, etc, même sans qu'ils soient mentionnés de façon particulière dans ce livre ne signifie en aucune façon que ces noms peuvent être utilisés sans restriction à l'égard de la législation pour la protection des marques et des marques déposées et pourraient donc être utilisés par quiconque.

Coverbild / Photo de couverture: www.ingimage.com

Verlag / Editeur:
Presses Académiques Francophones
ist ein Imprint der / est une marque déposée de
OmniScriptum GmbH & Co. KG
Heinrich-Böcking-Str. 6-8, 66121 Saarbrücken, Deutschland / Allemagne
Email: info@presses-academiques.com

Herstellung: siehe letzte Seite /
Impression: voir la dernière page
ISBN: 978-3-8381-4029-2

Commande MPPT et Optimisation

d'un Système Photovoltaïque

Dr. AL NUFAIE Lafi

INTRODUCTION GENERALE

De nos jours, la demande en énergie électrique dans le monde ne cesse d'augmenter, et une grande partie de la production mondiale d'énergie est assurée à partir de sources fossiles non renouvelables. La consommation de ces sources donne lieu à des émissions de gaz à effet de serre et donc une augmentation de la pollution.Cependant, l'exploitation de l'énergie nucléaire, en plus de coût exorbitant des installations et leur maintenance, présente des risques d'accidents graves sans parler de ceux induits par la gestion des déchets résultants dont la dangerosité radioactive peut durer plusieurs milliers d'années.

Par opposition, les énergies renouvelables sont souvent avancées comme un dénouement à tous nos problèmes de production d'énergie électrique. Mais il serait plus raisonnable de voir ces nouvelles solutions techniques comme un simple frein au réchauffement climatique à condition que notre consommation énergétique ne continue pas d'augmenter exponentiellement. Cela éviterait ainsi de reproduire les mêmes erreurs du passé en pensant à des solutions "miracles" qui seraient inépuisables et sans impact sur notre mode vie ou sur l'environnement.

Presque toutes les énergies renouvelables sont des dérivées de l'énergie solaire : le vent, le rayonnement solaire, la force de l'eau sont des produits directs ou indirects de l'activité solaire. Seule la géothermie échappe à cet inventaire. Le Soleil envoie chaque année à la surface de la Terre à peu près 10 000 fois plus d'énergie que la planète en consomme. Il est donc légitime d'essayer d'en tirer profit. L'énergie photovoltaïque, basée sur la conversion du rayonnement électromagnétique solaire en électricité, représente l'une des ressources énergétiques renouvelables à part entière. Même si cette ressource est maintenant de mieux en mieux reconnue en tant que source potentielle d'énergie, cela n'a pas été facile face aux nombreux préjugés existants sur ce sujet. On a reproché par exemple à l'énergie solaire d'être intermittente (jour, nuit, saison), de ne pas être fiable et de dépenser plus d'énergie pour la conception d'un panneau solaire qu'il ne peut en fournir durant toute sa durée de vie. Ces affirmations sont en passe d'être aujourd'hui dénigrées par les progrès techniques accomplis sur les cellules photoélectriques mais également sur le traitement de l'énergie. Actuellement, la plupart des panneaux photovoltaïques produisent largement plus d'énergie au cours de leur vie que l'énergie nécessaire à leur production.

L'influence de l'ensoleillement et la température sur le rendement des panneaux photovoltaïques a mené les chercheurs à étudier les caractéristiques des panneaux photovoltaïques en fonction de ces deux paramètres. Ainsi, pour garder un rendement maximal, l'utilisation d'un algorithme de poursuite de point de puissance maximale combiné à un convertisseur statique est nécessaire. Ainsi, plusieurs approches ont été développées : perturbation et observation [Salam & Taylor, 1990] [Femia, et al, 2005], méthode incrémentale [Hussein et al, 1995], méthode par logique floue [Xiao and Dunford, 2004], [Kottas et al, 2006], ou la combinaison entre ces approches [Chiu, et al. 2010]. Néanmoins, ces méthodes utilisent un pas fixe qui ne permet pas d'obtenir d'une manière exacte le point de puissance maximum ou nous donnent des oscillations dès que nous avons des changements climatiques (nuages, ...). Par ailleurs, la plupart des structures proposées utilise la batterie entre l'étage d'adaptation et la charge afin d'assurer à la fois la continuité du service et la stabilisation de la tension. Néanmoins, une telle structure sollicité énormément la batterie ce qui réduit considérablement la durée de vie de la batterie. De plus, ces structures ne permettent pas de résoudre le problème de surplus de puissance qui peut abîmer la batterie.

l'objectif de ce travail est de proposer des solutions aux problèmes de la commande et l'optimisation des installations photovoltaïques dédiées à la production d'énergie dans des sites isolés cités ci-dessus. En effet, pour assurer une continuité de service et répondre à la demande du consommateur, il est nécessaire de maintenir une production optimale de l'installation et de gérer efficacement le surplus de production pour l'utiliser dans le cas où la production affaiblie ou s'arrête.

Ainsi, le chapitre 1 est dédié à l'état de l'art sur la modélisation des cellules et des panneaux photovoltaïques pour mieux comprendre leurs fonctionnements. Les différentes caractéristiques seront également présentées pour mettre le point sur les paramètres influant sur la puissance produite par un panneau photovoltaïque comme la température et l'ensoleillement. Nous présenterons brièvement quelques notions du stockage d'énergie sur batterie.

Le chapitre 2 est dédié à l'étage d'adaptation qui relie les panneaux photovoltaïques à la charge. Le but de celui-ci est la poursuite du point de puissance maximale (MPPT) qui permet d'avoir à chaque instant la puissance maximale que peut produire l'installation. Après un aperçu sur la modélisation les convertisseurs utilisés, nous présentons quelques techniques classiques présentées dans la littérature permettant la poursuite du point de puissance maximale. Ensuite, nous présentons une nouvelle méthode à base de logique floue [Al-Otaibi et al, 2012-a]. Cette nouvelle approche permet d'exploiter efficacement l'expertise humaine et d'atteindre rapidement le point de puissance maximale malgré le changement de température et de l'ensoleillement. De plus, cette approche est peu sensible aux paramètres initiaux que les méthodes classiques.

Malgré l'utilisation, des algorithmes MPPT, le rendement de l'installation peut être faible ou nul dans le cas d'une architecture classique basée sur les panneaux en parallèle et en série. Cependant, la présence d'un panneau défectueux peut causer la mise en circuit ouvert tous les panneaux qui sont installés en série avec celui-ci. De plus, dans les installations classiques on a recourt à l'utilisation de la batterie de stockage en série avec la charge pour assurer une continuité du service. Néanmoins, ce montage induit une sollicitation accrue de la batterie ce qui réduit considérablement son cycle de vie. Pour remédier à ces problèmes, nous présentons dans le chapitre 3 de nouvelles architectures permettant d'avoir un service continu malgré la présence de pannes. En effet, nous allons présenter une technique permettant de reconfigurer l'installation en présence d'un panneaux défectueux et ainsi exploiter tous les panneaux opérationnels [Al Otaibi et al., 2011]. Concernant le stockage, nous avons développé un superviseur par logique floue permettant d'optimiser le stockage et la production d'énergie afin de répondre à la demande du consommateur tout prolongeant la vie des batteries [Al Otaibi et al., 2012b][Al Otaibi et al., 2012c].

CHAPITRE I

MODELISATION D'UN GENERATEUR PHOTOVOLTAÏQUE AVEC
STOCKAGE

I.1. Introduction

La consommation excessive des énergies fossiles durant le $20^{\text{ème}}$ siècle a conduit à une pollution aggravée de l'atmosphère et une production très inquiétante des gazs à effets de serre. Ceci a poussé les pays industriels à se diriger vers les énergies renouvelables.Ainsi, l'Union Européenne s'est engagée à réduire ses émissions de gaz à effet de serre de 8% en dessous de leurs niveaux entre la fin du $20^{\text{ème}}$ siècle et le premier quart du $21^{\text{ème}}$, donc, en tenant sa promesse, l'U.E. a adopté la directive relative à la promotion de l'électricité produite à partir de sources d'énergie renouvelable sur le marché intérieur de l'électricité, ayant pour principal objectif l'appui total sur les énergies renouvelables comme source d'approvisionnement.

Actuellement, la technologie photovoltaïque (PV) est suffisamment mûre et maîtrisée pour prendre un véritable essor dans le domaine des applications de puissance. Les éléments de base sont des cellules ou des panneaux photovoltaïques qui convertissent le rayonnement solaire en courant électrique (effet photovoltaïque). La réalisation et l'optimisation des systèmes photovoltaïques sont des problèmes d'actualité. La résolution de ces problèmes conduit sûrement à une meilleure exploitation de l'énergie solaire. L'inconvénient majeur de cette énergie est le faible rendement des matériaux de conversion et le coût élevé qui reste à l'heure actuelle le plus élevé vis à vis du coût des autres formes d'énergie.

Dans ce chapitre, nous présentons les principales caractéristiques des éléments constitutifs d'un module PV et leur modèle électrique. Nous étudierons l'influence des conditions météorologiques (Température et Eclairement) sur le comportement électrique d'une cellule solaire. Ensuite, nous aborderons le modèle mathématique d'un générateur photovoltaïque (GPV). Enfin, nous présenterons le modèle de la batterie qui sera utilisée pour le stockage d'énergie.

I.2. Cellules photovoltaïques

Les cellules photovoltaïques sont des dispositifs à semi-conducteurs, elles sont généralement faites du silicium sous ses différentes formes. Elles ne mettent en œuvre aucun fluide et ne contiennent pas de substances corrosives, ni aucune pièce mobile. Elles produisent de l'électricité du moment qu'elles sont exposées au rayonnement solaire. Elles ne nécessitent pratiquement aucun entretien ; elles ne polluent pas et ne produisent aucun bruit. Les cellules photovoltaïques sont donc la façon la plus sûre et la plus écologique de produire de l'énergie.

I.2.1. Structure d'une cellule PV

La structure de base d'une cellule PV est une jonction PN (Figure I.1) constituée de la manière suivante : un cristal semi-conducteur dopé P est recouvert d'une zone mince dopée N (quelques millièmes de mm). Entre les deux zones se développe une jonction. La zone N est couverte par une grille métallique qui sert de cathode, tandis qu'une plaque métallique (contact arrière) recouvre l'autre face du cristal et joue le rôle d'anode. L'épaisseur totale du cristal est de l'ordre du millimètre.

Il est à noter que les cellules photovoltaïques peuvent être réalisées à partir des diodes Schottky (métal déposé sur un semi-conducteur de type P ou N). Réciproquement, le fonctionnement d'une jonction P^+N (dont le semi-conducteur de type P est fortement dopé) est analogue à celui d'une diode Schottky.

Un rayon lumineux qui frappe le dispositif peut pénétrer dans le cristal à travers la grille et provoquer l'apparition d'une tension entre la cathode et l'anode. Le dessus et le dessous de la cellule doivent alors être recouverts de contacts métalliques pour collecter l'électricité générée.

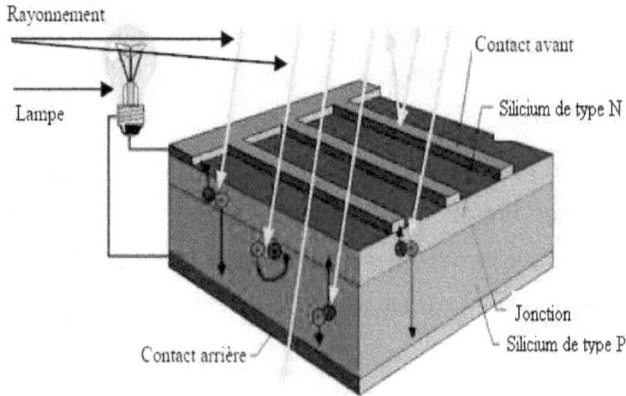

Figure I.1. Structure d'une cellule photovoltaïque au silicium (jonction PN)

I.2.2. Principe de fonctionnement d'une cellule PV

La cellule photovoltaïque, ou jonction de type PN, absorbe l'énergie lumineuse et la transforme directement en courant électrique. Le principe de fonctionnement de cette cellule fait appel aux propriétés du rayonnement et à celles des semi-conducteurs (Figure I.2.B). Dans la zone de déplétion de la cellule PV, lorsque l'énergie du rayonnement ($E = h \cdot v = h \cdot \frac{c}{\lambda}$, où c vitesse de la lumière (3.10^8 m/s), λ : longueur d'onde (m), h : constante de Planck ($6{,}62.10^{-34}$J.s) et v fréquence (Hz) est supérieure à celle associée à la bande interdite (E_g) du semi-conducteur, des paires électrons-trous libres sont créées dans cette zone de déplétion (Figure I.2.B). Sous l'effet du champ

14

électrique $\vec{E}$ qui règne dans la zone de déplétion, ces porteurs libres sont drainés vers les contacts métalliques des régions P et N. Il en résulte alors un courant électrique dans la cellule PV et une différence de potentiel (de 0.6 à 0.8 Volts) supportée entre les électrodes métalliques de la cellule PV.

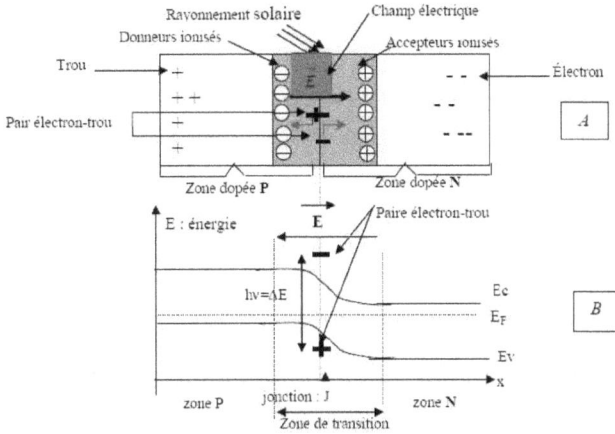

Figure I.2. Jonction PN éclairée: A) Coupe transversale d'une jonction PN
B) Diagramme de bandes d'énergie d'une jonction PN.

I.2.3. Modèle électrique d'une cellule PV

Dans la littérature, il ya beaucoup de modèles qui caractérisent l'effet de la cellule photovoltaïque. Dans cette étude on a choisi le modèle électrique le plus proche du générateur photovoltaïque, qui est le modèle à deux diodes (double exponentielle) où la cellule est présentée comme un générateur de courant électrique dont le comportement est équivalent à une source de courant shuntée par deux diodes en parallèles. Et pour tenir compte des phénomènes physiques au niveau de la cellule, le modèle est complété par deux résistances : série R_s et shunt ou parallèle R_p comme le montre le schéma électrique équivalent de la Figure I.3 (Lasnier et Ang, 1980) (Gow et Manning, 1999) (Oi, 2005) :

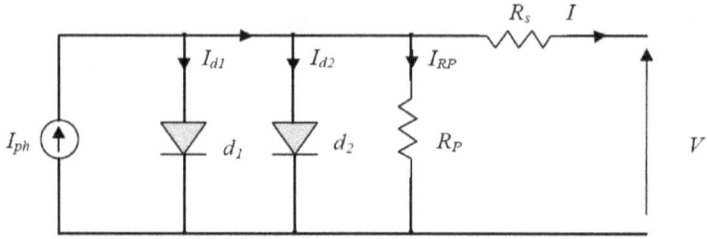

Figure I.3. Modèle électrique de la cellule

- Le courant I_{ph} est du au déplacement sous l'effet du champ électrique dans la zone de déplétion des paires électrons-trous créées dans cette zone de déplétion par le rayonnement (l'éclairement). Les trous (électrons) sont déplacés vers le semi-conducteur de type P (N).
- Les résistances R_s et R_p représentent respectivement les résistances des contacts métalliques et de fuites de la jonction PN. En générale, la résistance R_p est très importante (de l'ordre de 1 Mégohms) et la résistance R_s est très faible (de l'ordre de quelques milli-ohms).

Le modèle mathématique pour la caractéristique courant-tension est donné par:

$$I = I_{ph} - I_{d1} - I_{d2} - I_{sh} \tag{I.1}$$

$$\text{Ou} : I = I_{ph} - I_{s1}.\left[e^{\frac{q\,(V\,+\,R_s.I)}{n_1.K\,T}} - 1 \right] - I_{s2}.\left[e^{\frac{q\,(V\,+\,R_s.I)}{n_2.K\,T}} - 1 \right] - \frac{V\,+\,R_s.I}{R_p} \tag{I.2}$$

Avec :

I :   Courant délivré par la cellule PV ;

V :   Tension délivrée par la cellule PV ;

I_{s1}, I_{s2} : Courants de saturation des diodes dépendent de la température ;

R_s :   Résistance série ;

R_p :   Résistance shunt ou parallèle ;

q: Charge de l'électron = $1.602.10^{-19}$ C ;

K :   Constante de Boltzmann = $1.381.10^{-23}$ J/K ;

n_1, n_2 : Facteurs de pureté de la diode, compris entre 1 et 2 ;

T :   Température absolue de la cellule en Kelvin (K) ;

I_{ph} : Photo-courant produit.

Il est évident, de l'équation (I.2), que la caractéristique courant-tension dépend fortement de l'éclairement et de la température. La dépendance, vis-à-vis de la température, est encore amplifiée par les propriétés du photo-courant Iph et les courants de saturation inverse des diodes qui sont donnés :

- **Courant photo-courant**

$$I_{ph} = I_{ph0} \cdot \frac{E}{E_0} \cdot \left[1 + (T - T_0) \cdot (5.10^{-4}) \right] \tag{I.3}$$

Avec E : l'éclairement (E_0=1000$W/m2$) ;

        T : température en °K (T_0=298 K) ;

        I_{ph0} : photo-courant généré par la diode à T_0=298K (25°C).

- **Courants de saturation des diodes**

$$I_{s1} = K_1 T^3 e^{\frac{E_g}{kT}} \tag{I.4}$$

$$I_{s2} = K_2 T^{\frac{5}{2}} e^{\frac{E_g}{kT}} \tag{I.5}$$

Avec : E_g : Energie de gap du semi conducteur

     K_1=1.2$A/cm^2.K^3$;

     K_2=2.9$A/cm^2.K^{5/2}$.

- **Résistance parallèle**

$$R_p = R_{p0} + (\alpha - 1).R_{p0}.e^{(-5.5)\cdot\frac{E}{E_0}} \tag{I.6}$$

Avec : R_{p0} : résistance parallèle de référence donnée par le constructeur

     α =4 pour une cellule au silicium cristalline et autre ;

α =12 pour une cellule au silicium amorphe.

Les paramètres I_{ph}, I_{d1}, I_{d2}, R_p sont fonction de l'éclairement, de la température et de leurs valeurs de références respectives (I_{ph0}, I_{s1}, I_{s2}, R_{p0} à $1kW/m^2$, $25°C$).

I.3. Générateur photovoltaïques

La cellule photovoltaïque élémentaire constitue un générateur électrique de très faible puissance au regard des besoins de la plupart des applications industrielles. Une cellule élémentaire de quelques dizaines de centimètres carrés délivre, au maximum, quelques watts sous une tension très faible. Les générateurs photovoltaïques sont alors réalisés par association en série (pour augmenter la tension) et en parallèle (pour augmenter le courant) d'un grand nombre de cellules élémentaires de même technologie et de caractéristiques identiques (Figure I.4). Le câblage série-parallèle est donc utilisé pour obtenir un module PV (ou panneau PV) aux caractéristiques souhaitées [18][20][21][24][25][26][28].

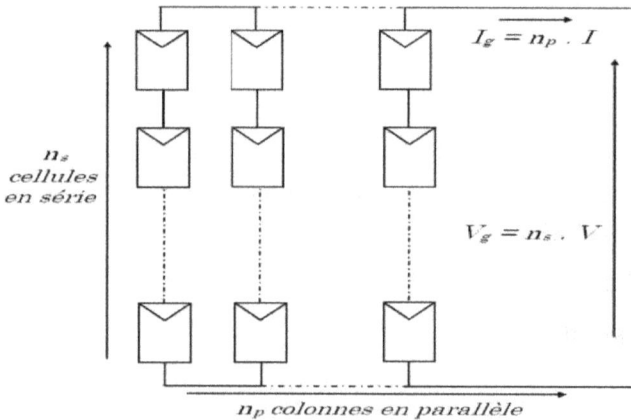

Figure I.4. GPV constitué par n_s cellules en séries et n_p colonnes de cellules parallèles

I.3.1. Mise en série

Dans un groupement en série, les cellules sont traversées par le même courant et la caractéristique résultante du groupement en série est obtenue par l'addition des tensions à courant donné. La figure I.5 montre la caractéristique résultante (I_{scc}, V_{sco}) obtenue en associant en série (indice s) n_s cellules identiques (I_{cc}, V_{co}). Avec $I_{scc}=I_{cc}$ et $V_{sco}=n_s V_{co}$

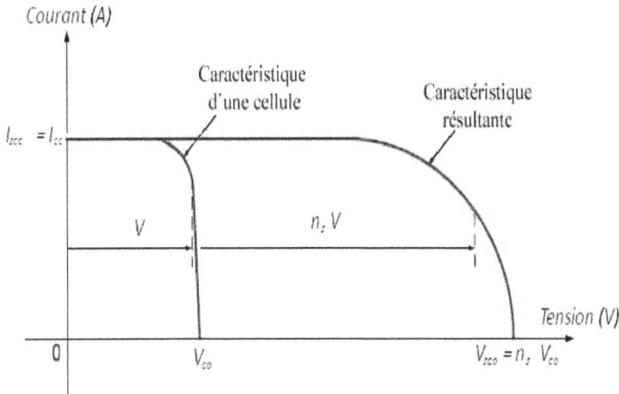

Figure I.5. Caractéristique résultante d'un groupement en série de n_s cellules identiques

I.3.2. Mise en parallèle

Dans un groupement de cellules connectées en parallèle, les cellules étant soumises à la même tension, les intensités s'additionnent : la caractéristique résultante est obtenue par addition de courants à tension donnée. La figure I.6 montre la caractéristique résultante (I_{pcc}, V_{pco}) obtenue en associant en parallèle (indice p) n_p cellules identiques (I_{cc}, V_{co}).

$I_{pcc}= n_p I_{cc}$ et $V_{pco}=V_{co}$

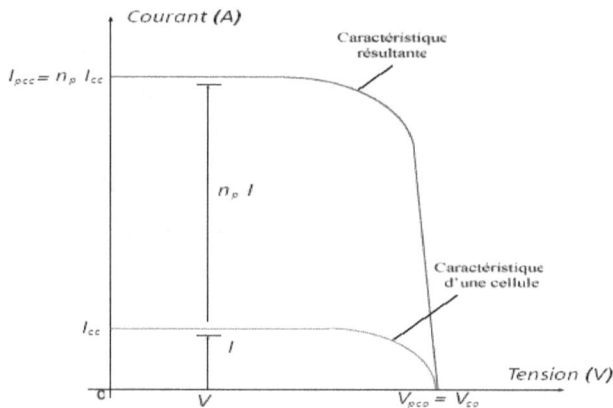

Figure I.6. Caractéristique résultante d'un groupement constitué de n_p cellules en parallèle

I.3.3. Caractéristique électrique courant-tension du GPV

Le générateur photovoltaïque est constitué d'un réseau série-parallèle de nombreux modules photovoltaïques regroupés par panneaux photovoltaïques. La caractéristique électrique globale courant/tension du GPV se déduit donc théoriquement de la combinaison des caractéristiques des cellules élémentaires supposées identiques qui le composent par deux affinités de rapport n_s parallèlement à l'axe des tensions et de rapport n_p parallèlement à l'axe des courants, ainsi que l'illustre la figure I.7, n_s et n_p étant respectivement les nombres totaux de cellules en série et en parallèle.

20

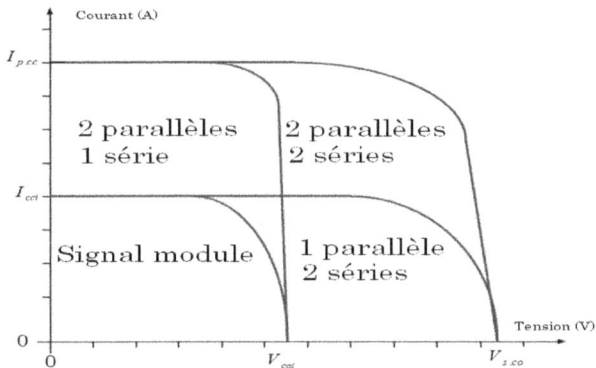

Figure I.7. Caractéristique résultante d'un groupement en série et en parallèle des cellules identiques

I.3.4. Modèle électrique d'un générateur photovoltaïque

Les études effectuées ont conduit au développement de nombreux modèles de générateurs, parmi lesquels celui schématisé sur la figure suivante (Gergaud, 2002):

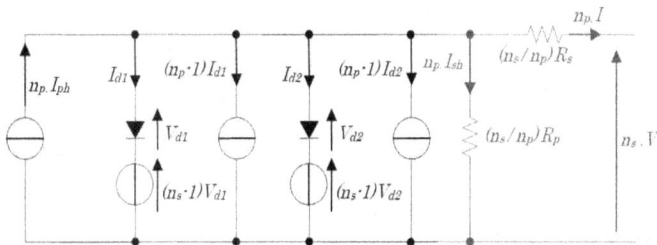

Figure I.9. Schéma équivalent d'un générateur photovoltaïque

L'équation donnant la caractéristique courant–tension *(I–V)* d'un GPV peut s'écrire comme suit :

$$I_g = I_{ph.g} - I_{d1.g} - I_{d2.g} - I_{sh.g}$$

(I.7)

21

Avec :

$$V_g = n_s . V \tag{I.8}$$

$$I_g = n_p . I \tag{I.9}$$

$$I_{ph.g} = n_p . I_{ph} \tag{I.10}$$

$$I_{s1.g} = n_p . I_{s1} \tag{I.11}$$

$$I_{s2.g} = n_p . I_{s2} \tag{I.12}$$

$$I_{sh.g} = n_p . I_{sh} \tag{I.13}$$

$$V_{d.g} = n_p . V_d \tag{I.14}$$

$$R_{s.g} = \frac{n_s}{n_p} . R_s \tag{I.15}$$

$$R_{p.g} = \frac{n_s}{n_p} . R_p \tag{I.16}$$

L'équation (I.7) devient [18][19][20][21][24][25][26]:

$$I_g = I_{ph.g} - I_{s1.g} . \left[e^{\frac{q (V_g + R_{s.g}.I_g)}{n_s.n_1.K.T}} - 1 \right] - I_{s2.g} . \left[e^{\frac{q (V_g + R_{s.g}.I_g)}{n_s.n_2.K.T}} - 1 \right] - \frac{V_g + R_{s.g}.I_g}{R_{p.g}.I_g} \tag{I.17}$$

A partir de cette équation, on a simulé notre générateur photovoltaïque.

I.4. Influence de l'éclairement et
de la température sur le fonctionnement d'un panneau PV

I.4.1. Influence de la température

Les graphes suivants représentent les caractéristiques *P(V)* et *I(V)* d'un panneau photovoltaïque pour un ensoleillement constant (*E*=1000W/m^2) et une température variable.

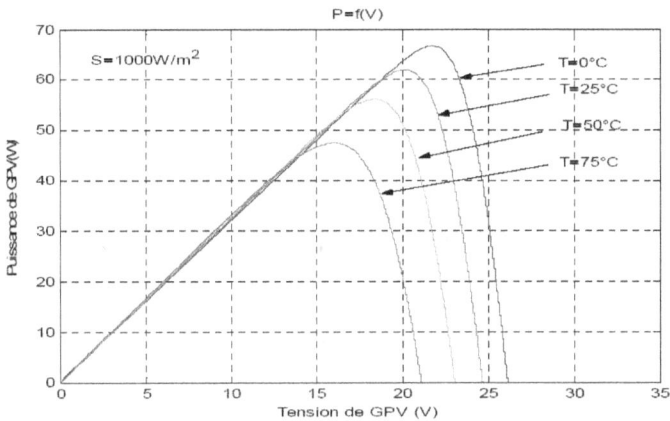

Figure I.9. Courbes P(V) d'un panneau à diverses températures

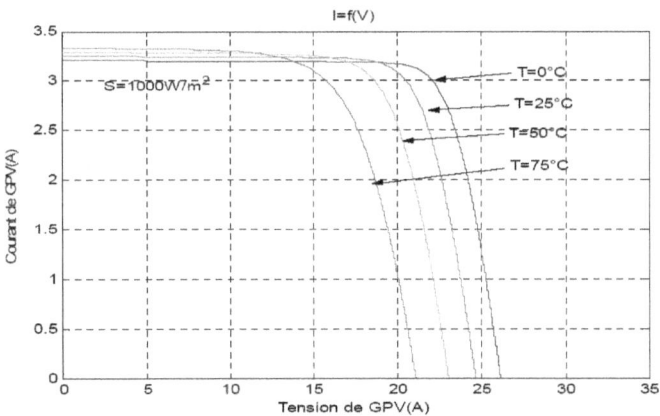

Figure I.10. Courbes I(V) d'un panneau à diverses températures

D'après ces graphes on voit que le courant du panneau est presque constant, par contre la variation de la température est inversement proportionnel par rapport à la tension du panneau.

I.4.2. Influence de l'ensoleillement

Les graphes suivants représentent les caractéristiques *P(V)* et *I(V)* respectivement d'un panneau photovoltaïque pour une température constante (*T*=298K ou 25°C) et un ensoleillement variable.

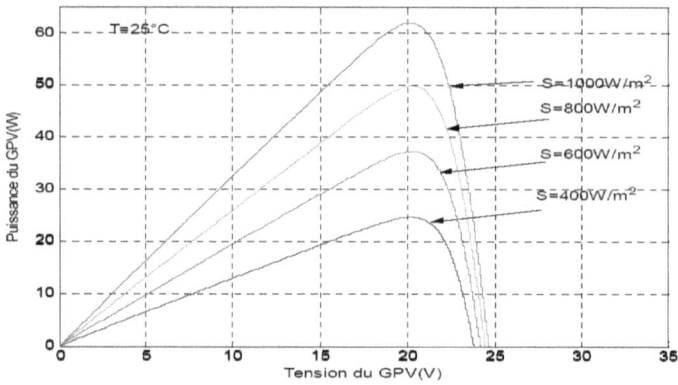

Figure I.11. Courbes P(V) d'un panneau à divers ensoleillements

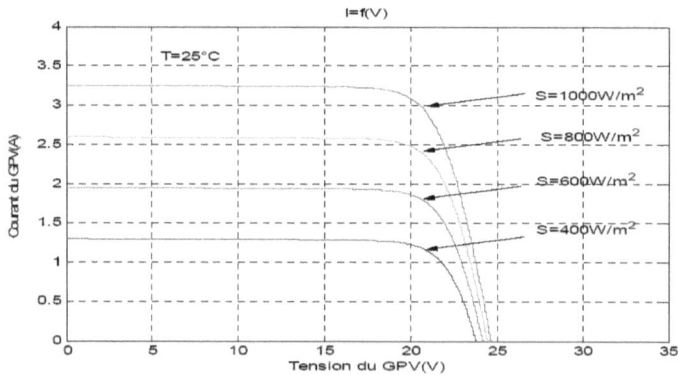

Figure I.12. Courbes I(V) d'une cellule sous diverses intensités de rayonnement

D'après les figures I.11 et I.12 on remarque que le courant produit par le GPV $I_{ph.g}$ est pratiquement proportionnel à l'éclairement solaire E. Par contre, la tension V_g varie peu. La tension de circuit ouvert ne diminuera que légèrement avec l'éclairement. Ceci implique donc que :

- La puissance optimale du GPV est pratiquement proportionnelle à l'éclairement ;
- Les points de puissance maximale se situent à peu près à la même tension ;
- Le panneau peut fournir une tension correcte, même à faible éclairage.

I.5. Protection des cellules

Lorsque nous concevons une installation photovoltaïque, nous devons assurer la protection électrique de cette installation afin d'augmenter sa durée de vie en évitant notamment des pannes destructrices liées à l'association des cellules et de leur fonctionnement en cas d'ombrage(Acid-Pastor, 2006). Pour cela, deux types de protections sont classiquement utilisés dans les installations actuelles :

I.5.1. Protection lors de la mise en parallèle des modules PV

On place aussi une diode en série (diode anti-retour) avec le panneau pour éviter le retour de courant des autres panneaux montés en parallèles lorsqu'un panneau est mal ensoleillé (Figure I.13).

I.5.2. Protection lors de la mise en série des cellules PV

Lorsqu'une ou plusieurs cellules sont ombrées ou lorsqu'il existe des défaillances de quelques-unes, ces cellules deviennent des consommatrices de puissance et non des génératrices ce qui cause des pertes d'énergie. Pour remédier à ce problème on prend quelques cellules voisines et on les shunte par une diode en parallèle appelée (diode by-pass). Ces diodes éviteront que le courant ne passe à travers ces cellules lorsque leur tension tombe au-dessous de la tension de seuil de la diode.

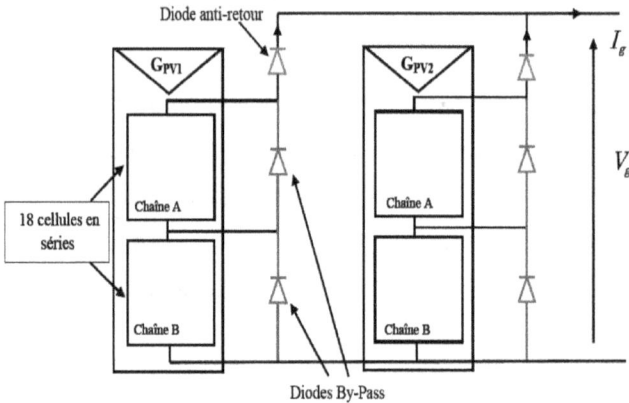

Figure I.13. Association sécurisée de deux modules PV commerciaux en parallèles avec leurs diodes de protections

Dès que des déséquilibres importants apparaissent, l'action de certaines diodes de protection séries ou parallèles modifie notablement cette allure classique, laissant apparaître des irrégularités ou cassures typiques ainsi qu'illustré sur la figure I.14.

26

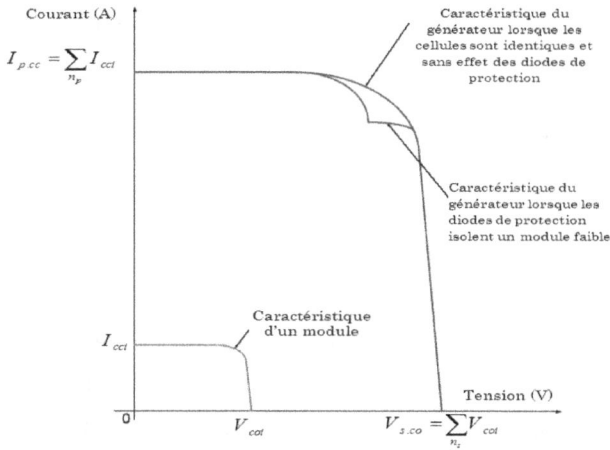

Figure I.14. Caractéristiques résultantes d'un générateur associant n_p cellules en parallèle et n_s cellules en série identiques ou éventuellement disparates

I.6. Batteries et stockage de l'énergie

A cause de non disponibilité permanente de l'énergie solaire, pour diverses raisons, l'utilisation des batteries pour le stockage d'énergie est nécessaire pour garantir une disponibilité permanente et constante de l'énergie quelles que soient les variations d'ensoleillement et de température (Wichert, 2000).

Une batterie électrique est un composant électrochimique. Elle comporte des électrodes positives et négatives composées d'alliages dissemblables plongées dans un électrolyte (acide). L'ensemble est encapsulé dans un bac scellé ou muni d'un bouchon de remplissage et d'un évent. Les réactions d'oxydoréduction qui gouvernent le fonctionnement d'une batterie sont réversibles, dans la mesure où celle ci n'a pas été longtemps ni complètement déchargée ni trop surchargée. Un fonctionnement prolongé dans l'un ou l'autre de ces états aboutirait à la destruction définitive de la batterie.

I.6.1. Modélisation des batteries

Le système tampon utilisé le plus couramment pour les systèmes photovoltaïques, est la batterie d'accumulateurs électrochimiques. Les deux types de batteries, utilisés le plus couramment dans les systèmes photovoltaïques, sont les batteries avec accumulateurs au plomb-acide (Pb acide) et les batteries avec accumulateurs au nickel-cadmium (Ni-Cd). La batterie au plomb-acide est la plus connue, aussi c'est sur celle-ci que notre étude s'est basée (Wichert, 2000).

I.6.1.1. Description du modèle

La figure I.15 montre la structure générale d'une batterie. Elle est représentée par quatre blocs:
- a. Bloc capacité
- b. Bloc de tensions
- c. Bloc de l'état de charge (SOC)
- d. Bloc des pertes par le courant de gazage

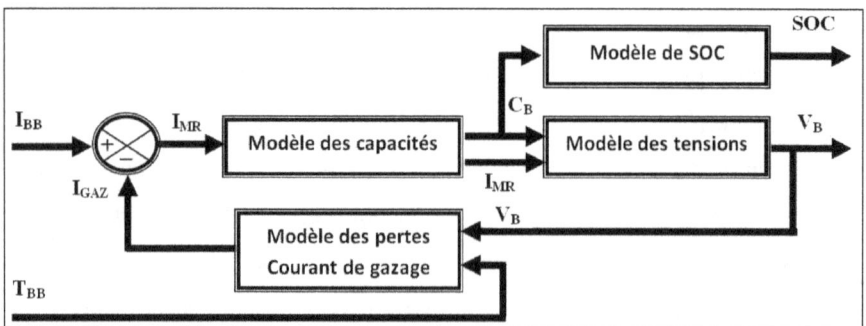

Figure I.15 Schéma de bloc d'une batterie

28

D'après le modèle proposé le courant principal de réaction I_{MR} de la batterie peut s'exprimer comme suit:

$$I_{MR}(t) = I_{BB}(t) - I_{GAZ}(t) \tag{I.18}$$

Avec :

I_{BB} : courant de la batterie (A)

I_{GAZ} : courant de gazage de la batterie (A)

a- Modèle de capacité

Le modèle de la capacité est décrit par l'intégrale du courant $I_{MR}(t)$ pendant un temps déterminé :

$$C_B(t) = \int_{t=0}^{t} I_{MR}(t)\,dt + C_{B.i}(t) \tag{I.19}$$

Avec:

$C_B(t)$: Capacité de batterie (Ah).

$C_{B.i}$: Capacité initiale de batterie (Ah).

b- Modèle des pertes par le courant de gazéification

L'équation (I.20) donne la formule du courant de gazéification de la batterie :

$$I_{GAZ}(t) = \frac{C_{10}}{100\,Ah} \cdot I_{G0} \cdot e^{[C_V(V_{ELE}(t) - 2.23) + C_T(T_{BB}(t) - 20)]} \tag{I.20}$$

Avec:

C_{10} : Capacité de batterie au taux de dix heurs de décharge (Ah) ;

I_{G0} : Courant normalisé de gazéification (A) ;

C_V : Coefficient de tension (V^{-1}) ;

$V_{ELE}(t)$: Tension d'un élément de la batterie (V) ;

C_T : Coefficient de température (K^{-1}) ;

$T_{BB\,(t)}$: Température de la batterie (K).

c- Modèle de SOC

L'état de charge de la batterie est décrit comme étant le rapport entre la valeur de la capacité de batterie $C_B(t)$ et la valeur de la capacité de la batterie après un temps de décharge de dix heures C_{10}.

$$SOC(t) = \frac{C_B(t)}{C_{10}} \cdot 100\% \qquad (I.21)$$

d- Modèle de tension

La tension est caractérisée par deux processus, la tension de charge et la tension de décharge de la batterie. Pour les distinguer nous utiliserons le C comme indice de charge et D pour la décharge.

Charge: $I_{BB} > 0$

La tension de charge de la batterie est décrite par l'équation suivante :

$$V_B(t) = E_B(t) - R_{0.C} \cdot I_{MR}(t) \qquad (I.22)$$

Avec: $R_{0.C}$ la résistance interne de chargement (Ω)

La tension interne de la batterie $E_B(t)$ elle est décrite par

$$E_B(t) = E_{0.C} + A_C \cdot X(t) + \frac{C_C \cdot X(t)}{(D_C - X(t))^{EFC}} \qquad (I.23)$$

$E_{0.C}$: Limite de la tension interne de batterie pour un courant nul et la batterie complètement déchargée ;

$X(t)$: capacité maximum normalisée de charge/décharge.

$$X(t) = \frac{Q_{MAX.C}}{Q_{MAX}(I_{MR}(t))} \cdot C_B(t) \qquad (I.24)$$

Avec:

$Q_{MAX.C}$: Capacité maximale de charge (Ah).

Capacité maximale de la batterie $Q_{MAX}(I_{MR}(t))$ est donnée par :

$$Q_{MAX}(I_{MR}(t)) = C_1 . I_{MR}{}^3(t) + C_2 . I_{MR}{}^2(t) + C_3 . I_{MR}(t) + C_4 \qquad (\text{I}.25)$$

NB: Les paramètres A_C, C_C, D_C, EFC, C_1, C_2, C_3et C_4 sont donnés dans l'annexe I.

Décharge: I_{BB}< 0

La tension de décharge de la batterie est décrite par l'équation suivante :

$$V_B(t) = E_B(t) - R_{0.D} . I_{MR}(t) \qquad (\text{I}.26)$$

Avec:

$R_{0.D}$: Résistance interne de déchargement (Ω)

La tension interne de la batterie $E_B(t)$ elle est décrite par

$$E_B(t) = E_{0.D} + A_D . X(t) + \frac{C_D . X(t)}{(D_D - X(t))^{EFD}} \qquad (\text{I}.27)$$

$E_{0.D}$: Limite de la tension interne de batterie pour un courant nul et la batterie complètement chargée.

$$X(t) = \frac{Q_{MAX.D}(Q_{MAX.D} - C_B(t))}{Q_{MAX}(I_{MR}(t))} \qquad (\text{I}.28)$$

$Q_{MAX.D}$: Capacité maximale de décharge (Ah).

Et : $Q_{MAX}(I_{MR}(t)) = D_1 . I_{MR}{}^3(t) + D_2 . I_{MR}{}^2(t) + D_3 . I_{MR}(t) + D_4 \qquad (\text{I}.29)$

NB: Les paramètres A_D, C_D, D_D, EFD, D_1, D_2, D_3et D_4 sont donnés dans l'annexe I

I.6.1.2. Validation du modèle

Pour valider le modèle proposé, nous avons entrepris des essais par simulation de charge et de décharge de la batterie par différents courants I_{BB} .Les allures des courbes $V_{BB}(t)$ et $SOC(t)$ décrivent les résultats que nous avons obtenus.

Charge: $I_{BB} > 0$

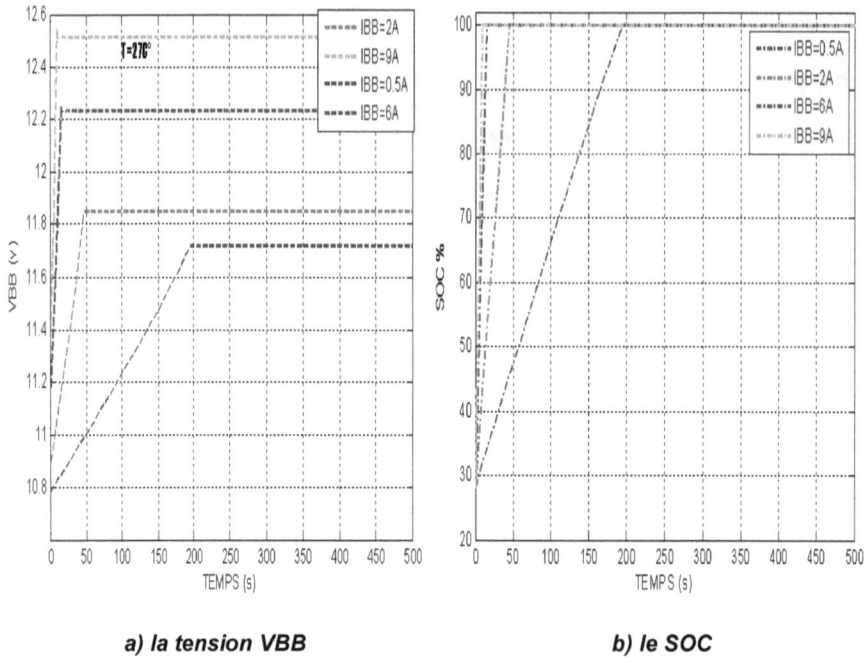

a) la tension VBB   b) le SOC

Figure I.16. Comportement de la batterie lors de la charge

La figure I-16 montre bien l'effet de l'importance du courant sur le temps de chargement de la batterie. Nous observons aussi que lorsque le courant est faible la tension finale de charge est relativement faible est qu'elle n'atteint pas sa valeur nominale. Les courbes montrent aussi l'effet de la capacité initiale de la batterie

Décharge: $I_{BB} < 0$

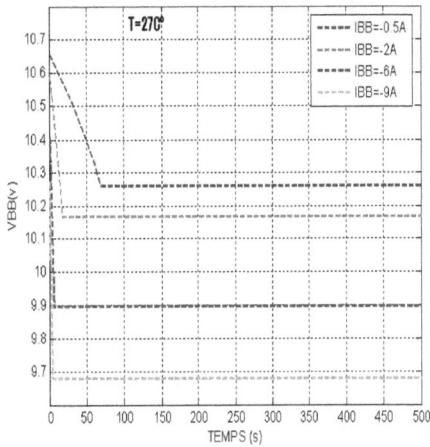

a) la tension VBB　　　　　　　　　　b) le SOC

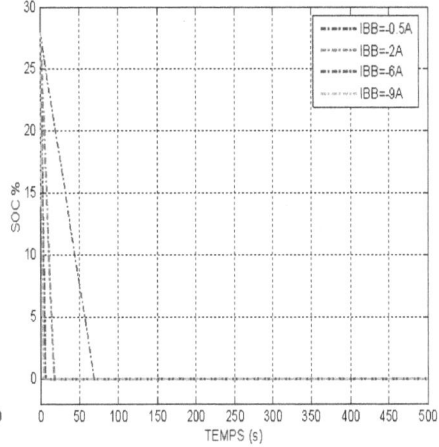

Figure I.17. Comportement de la batterie lors de la décharge

Pour le processus de la décharge, nous observons un comportement à peu de choses prés identique sauf qu'il semblerait présentait un petit changement dans la forme de l'allure de la courbe. Ceci pourrait s'expliquer par le phénomène d'hystérésis présent dans la batterie.

I.6.1.3. Effet de la température sur le courant de gazage

La figure I.18 montre l'augmentation exponentielle du courant de gazage en fonction de la tension et de la température des éléments de batterie.

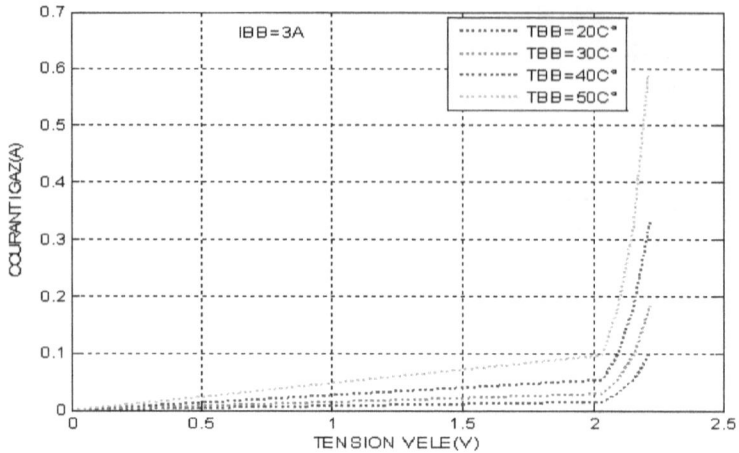

Figure I.18. L'effet de la température sur le courant de gazage

La batterie est un élément très sensible, et son rendement peut être influencé par plusieurs paramètres. La figure ci-dessus montre l'effet de la température sur le courant de gazage I_{GAZ}. Quand la température est élevée le courant de gazage à une augmentation brusque après la tension de seuil max (2.1V), par contre quand la température est plus basse, le courant a une augmentation lente.Dans l'intervalle [0, 2V] la batterie a présente une réponse linéaire, et au delà l'allure est exponentielle.

I.6.2. Régulateur de charge / décharge

Les installations solaires photovoltaïques sont pratiquement toujours équipées par des batteries au plomb, pour stocker l'électricité solaire. Ces batteries doivent impérativement être protégées contre les surcharges et les décharges profondes, à l'aide d'un régulateur.Sa fonction principale est de contrôler l'état de la batterie. Il autorise la charge complète de celle-ci en éliminant tout risque de surcharge et interrompt l'alimentation des destinataires si l'état de charge de la batterie devient inférieur au seuil de déclenchement de la sécurité anti décharge profonde. Prolongeant ainsi la durée de vie de la batterie qui est le seul composant fragile du système photovoltaïque.

Il existe deux types de régulateur de batterie, série et parallèle (Figure I.19).

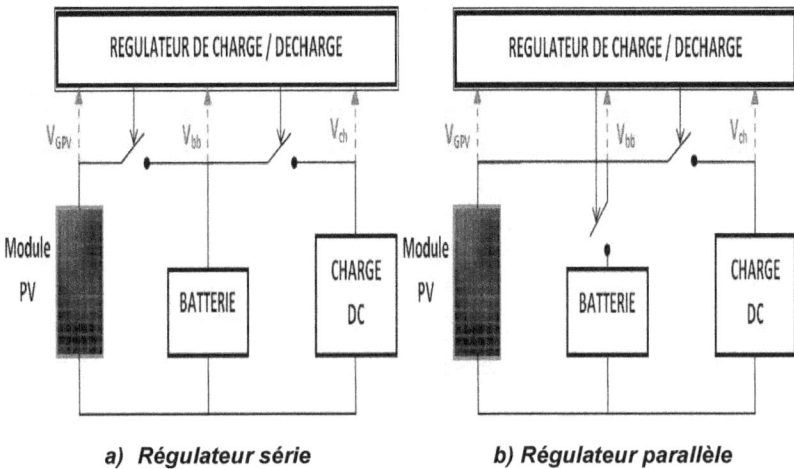

a) *Régulateur série*   b) *Régulateur parallèle*

Figure I.19. Les deux types de régulateurs de batterie

I.7. Conclusion

Dans ce chapitre, nous avons procédé à la modélisation d'un générateur photovoltaïque en utilisant le modèle à double exponentiel. La simulation effectuée nous a permis d'obtenir des caractéristiques très proches de celles du GPV réel, ce qui nous a permis de valider notre modélisation. Etant donné que le générateur photovoltaïque dépend fortement des paramètres météorologiques, il nous a paru nécessaire d'étudier l'influence de ces paramètres sur les caractéristiques de sortie du générateur photovoltaïque.

Afin d'assurer l'alimentation des récepteurs en continu, un dispositif de stockage a été modélisé.

Par ailleurs, nous avons constaté que la puissance maximale délivrée par GPV dépend fortement de variation des paramètres météorologiques. Pour cela, dans le chapitre suivant nous allons présenter des méthodes permettant la recherche du point maximal de puissance afin d'obtenir le rendement maximal du générateur à chaque instant.

CHAPITRE II

COMMANDES MPPT
D'UN GENERATEUR PHOTOVOLTAÏQUE

II.1. Introduction

Dans le but d'exploiter la puissance délivrée par le générateur photovoltaïque(GPV) au maximum, l'utilisation d'un convertisseur statique DC/DC est nécessaire. Celui-ci doit être commandé afin d'atteindre le point de puissance maximale (MPPT) qui nous permet d'avoir à chaque instant un rendement optimal.

Dans ce chapitre, nous présenterons la modélisation de deux types de convertisseurs statiques. Puis, nous aborderons les méthodes de poursuite de puissance maximale. Ainsi, nous ferons l'accent sur deux méthodes fondamentales à savoir « perturbation et observation » classique et « perturbation et observation » floue. Pour montrer l'efficacité de cette dernière, des résultats de simulations seront présentés. Dans ce chapitre, nous considérons le schéma de la figure II.1.

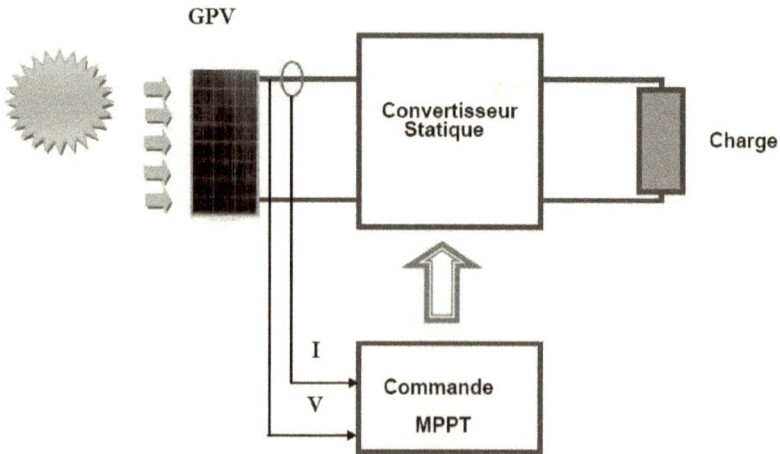

Figure II.1. Schéma descriptif de la chaine PV étudiée

II.2. Adaptation des générateurs PV

L'adaptation d'impédance entre un générateur photovoltaïque et une charge est un problème technologique que signifie essentiellement le transfert du maximum de puissance du générateur photovoltaïque à la charge. La littérature propose une grande quantité de solutions sur l'algorithme de contrôle effectuant une recherche de point de puissance maximale (PPM) lorsque le GPV et la charge sont connectés à travers un convertisseur statique DC-DC (Hacheur).

Un GPV présente des caractéristiques courant-tension non linéaires avec des PPM. Ces caractéristiques dépendent entre autre du niveau d'éclairement et de la température de la cellule. De plus, selon les caractéristiques de la charge sur laquelle le GPV débite, nous pouvons trouver un très grand écart entre la puissance potentielle du générateur et celle réellement transférée à la charge en mode connexion directe. Afin d'extraire à chaque instant le maximum de puissance disponible aux bornes du GPV et de la transférer à la charge, la technique classiquement adoptée consiste à utiliser un étage d'adaptation entre le GPV et la charge. Cet étage joue le rôle d'interface entre les deux éléments en assurant à travers une action de contrôle, le transfert maximum de puissance fournie par le générateur pour qu'elle soit la plus proche possible de Pmax disponible.

Le circuit de base d'un système de poursuite du point de puissance maximale est un convertisseur DC-DC piloté par un circuit de commande, afin d'extraire la totalité de la puissance produite par le GPV.

Dans ce qui suit, nous allons analyser et modéliser le fonctionnement électrique des trois types de hacheur : Buck, Boost et Buck-Boost.

II.2.1. Hacheur Buck (série, abaisseur ou dévolteur)

Son application typique est de convertir sa tension d'entrée en une tension de sortie inférieure, où le rapport de conversion M=Vo/Vi change avec le rapport cyclique du commutateur.

La figure II.2 représente un convertisseur DC-DC Buck où :

• L'inductance et les capacités (L, C_1, C_2) permettent essentiellement de filtrer le courant et de minimiser le taux d'ondulation de la tension à l'entrée et à la sortie des convertisseurs (Knopf, 1999), (Shraif, 2002), (Aziz, 2006).

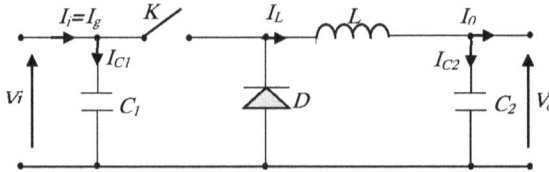

Figure II.2. Circuit électrique d'un convertisseur DC-DC de type Buck.

• la diode D est une diode « roue libre ». elle permet d'évacuer pendant le blocage de l'interrupteur, l'énergie stockée dans la self.

Donc, Dans la première fraction **D**Ts le transistor est dans un état de saturation alors l'inductance L se charge d'énergie $\left(\dfrac{LI_g^2}{2}\right)$ avec augmentation du courant I_L. Dans la deuxième fraction de temps (1-**D**)Tsl'inductance L libère cette énergie à la charge avec une diminution de courant I_L. Aussi le circuit peut est décomposé en deux circuits linéaires qui correspondent chacun à une position de l'interrupteur K.

❖ Ts est la période de commutation qui est égale à 1/fs ;

❖ D est le rapport cyclique du commutateur (D☐[0,1])

II.2.1.1. Modèle mathématique équivalent

Pour extraire le modèle mathématique du convertisseur, il faut l'étudier dans les deux phases de fonctionnement (*K* fermé, et *K* ouvert), ensuite donner son modèle approximé, qui englobe les différentes grandeurs moyennes d'entrée et de sortie du convertisseur(Knopf, 1999), (Shraif, 2002), (Aziz, 2006).

La figure II.3 donne les schémas équivalents d'un hacheur Buck dans les deux intervalles de temps.

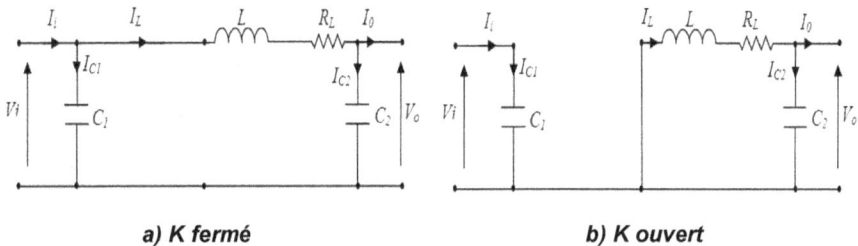

a) K fermé   **b) K ouvert**

Figure II.3. Circuits équivalents du convertisseur Buck

Les variables dynamiques du circuit sont i_L, v_{C1}, v_{C2}, associés aux composants dynamiques L, C_1, C_2 .Les équations qui relient les dérivées $\dfrac{d\,i_L}{dt}$ et $\dfrac{d\,v_C}{dt}$, avec les variables d'entrée et de sortie ainsi que les composantes de convertisseur et les variables dynamiques i_L, v_C sont de la forme:

$$\frac{d\,v_C}{dt} = f(i_L, v_C, L, R_L, C) \tag{II.1}$$

$$\frac{d\,i_L}{dt} = g(i_L, v_C, L, R_L, C) \tag{II.2}$$

Les grandeurs temporelles sont représentées par des lettres minuscules alors que les grandeurs moyennes sont représentées par des majuscules.

41

En appliquant les lois de Kirchhoff sur les deux circuits, on obtient les systèmes d'équations suivants :

0 < t <DTs

$$\begin{cases} i_{C1} = C_1 \dfrac{dv_i}{dt} = i_i - i_L \\ i_{C2} = C_2 \dfrac{dv_o}{dt} = i_L - i_o \\ v_L = L \dfrac{di_L}{dt} + R_L i_L = v_i - v_o \end{cases} \quad\quad (II.3)$$

DTs< t <Ts

$$\begin{cases} i_{C1} = C_1 \dfrac{dv_i}{dt} = i_i \\ i_{C2} = C_2 \dfrac{dv_o}{dt} = i_L - i_o \\ v_L = L \dfrac{di_L}{dt} + R_L i_L = - v_o \end{cases} \quad\quad (II.4)$$

II.2.1.2. Modèle approxime du convertisseur Buck

Les systèmes d'équations de base II.3, II.4 représentent le hacheur Buck pour une période DTs et $(1-D)Ts$ respectivement. Le convertisseur s'alterne entre ces deux états avec une fréquence élevée (Knopf, 1999), (Shraif, 2002), (Aziz, 2006), nous devons trouver une représentation dynamique approximée valable pour les deux intervalles de temps. Pour cela nous considérons que la variation des variables dynamiques I_C, V_L est de forme linéaire. En d'autres termes nous pouvons faire une approche linéaire pour l'exponentielle$(e^\varepsilon \approx \varepsilon+1, Si\ \varepsilon \ll 1)$, ainsi la dérivée de ces grandeurs sera constante.

Cette approche nous permet de décomposer l'expression de la valeur moyenne de la dérivé de la variable dynamique x sur les deux laps de temps

DTs et *(1-D) Ts* :

$$< \frac{dx}{dt} > T_s = \frac{dx}{dt_{(DT_s)}}.DT_s + \frac{dx}{dt_{((D+1)T_s)}}.(D-1)T_s \qquad (II.5)$$

Où $< \frac{dx}{dt} >$ est la valeur moyenne de la dérivée de x sur une période *Ts*.

Cette relation est valide si $\frac{dx}{dt_{(DT_s)}}$ et $\frac{dx}{dt_{((D+1)T_s)}}$ sont constants sur les

périodes*DTs* et *(1-D) Ts*respectivement, en d'autres termes cette approximation est valable si les périodes *DTs* et *(1-D)Ts* sont très faibles devant la constante de temps du circuit.

Dans ce cas, la forme exponentielle du courant qui parcourt la self et la tension aux bornes de la capacité sont de forme linéaire comme le montre la figure II.4.

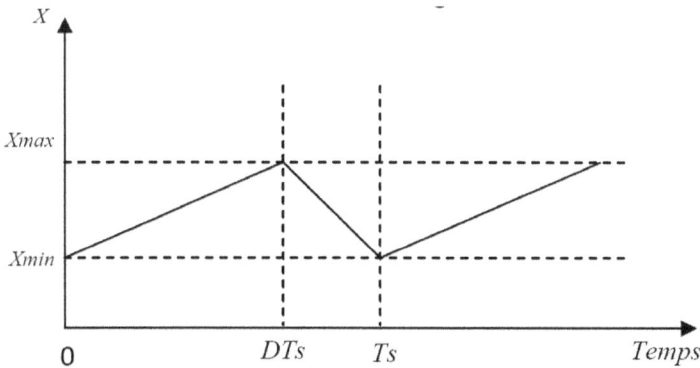

Figure II.4 Variations des variables dynamiques I_L, V_{C1}, V_{C2}

En appliquant la relation (II.5) sur les systèmes d'équations (II.3) et (II.4), on obtient les équations qui régissent le système sur une période entière.

$$\begin{cases} C_1 \frac{dv_i}{dt}T_s = DT_s(i_i - i_L) + (1-D)T_s i_i \\ C_2 \frac{dv_o}{dt}T_s = DT_s(i_L - i_o) + (1-D)T_s(i_L - i_o) \\ L \frac{di_L}{dt}T_s = DT_s(v_i - v_o - R_L i_L) + (1-D)T_s(-v_o - R_L i_L) \end{cases} \qquad (II.6)$$

En arrangeant les termes des équations précédentes pour qu'on puisse interconnecter le convertisseur avec les autres blocs de simulation, on obtient la modélisation dynamique du convertisseur Buck.

$$\begin{cases} i_L = \dfrac{1}{D}\left(i_i - C_1 \dfrac{dv_i}{dt} \right) \\[2mm] i_o = i_L - C_2 \dfrac{dv_o}{dt} \\[2mm] v_i = \dfrac{1}{D}\left(v_o + R_L\, i_L + L \dfrac{di_L}{dt} \right) \end{cases} \qquad (\text{II.7})$$

II.2.1.3. Ondulations des courants et des tensions

Pour le dimensionnement des différents composants du circuit afin de diminuer les ondulations des courants et des tensions sans faire un surdimensionnement ce qui accroîtrait le poids et le prix des circuits, un calcul de ces composants en fonction des ondulations voulues est nécessaire. Cette remarque est très importante pour le dimensionnement de l'inductance L afin de respecter le courant admissible par l'interrupteur K (transistor MOSFET), où dans le cas pratique les ondulations du courant I_L sont plus importantes par rapport aux autres ondulations (Knopf, 1999), (Shraif, 2002), (Aziz, 2006).

En appliquant la relation $v_L = L\dfrac{di_L}{dt}$, et par l'approximation des segments d'exponentielles par des droites, la pente du courant I_L pendant la première période de fonctionnement est donnée par :

$$\frac{di_L}{dt} = \frac{v_L}{L} \approx \frac{V_i - V_o - R_L I_L}{L} \qquad (\text{II.8})$$

A partir de la relation (II.8), la valeur crête à crête du courant I_L est :

$$I_{Lcc} = 2\Delta I_L = \frac{V_i - V_o - R_L I_L}{L} DT_s \qquad (\text{II.9})$$

44

La valeur de l'inductance L à choisir pour certaine ondulation ΔI_L est :

$$L = \frac{V_i - V_o - R_L I_L}{2\Delta I_L} DTs \qquad (\text{II}.10)$$

Pour le calcul des capacités C_1 et C_2, on a :

$$\frac{dv_{C_1}}{dt} = \frac{i_{C1}}{C_1} \approx \frac{I_i - I_L}{C_1} \qquad (\text{II}.11)$$

$$\frac{dv_{C_2}}{dt} = \frac{i_{C2}}{C_2} \approx \frac{I_L - I_o}{C_2} \qquad (\text{II}.12)$$

Les valeurs des ondulations crête à crête des tensions d'entrées et de sorties sont :

$$V_{icc} = 2\Delta V_i = \frac{I_i - I_L}{C_1} DTs \qquad (\text{II}.13)$$

$$V_{occ} = 2\Delta V_o = \frac{I_L - I_o}{C_2} DTs \qquad (\text{II}.14)$$

Les valeurs des capacités C_1 et C_2, sont respectivement données par :

$$C_1 = \frac{I_i - I_L}{2\Delta V_i} DTs \qquad (\text{II}.15)$$

$$C_2 = \frac{I_L - I_o}{2\Delta V_o} DTs \qquad (\text{II}.16)$$

II.2.1.4. Etude en régime continu

Le régime de fonctionnement est appelée continu lorsque le courant dans l'inductance n'a pas le temps de s'annuler. Ce régime est obtenu en éliminant les dérivées des variables dynamiques, et en remplaçant ces signaux par leurs valeurs moyennes.

Le système d'équations II.7 donne (Knopf, 1999), (Shraif, 2002), (Aziz, 2006) :

$$\begin{cases} I_i - D I_L = 0 \\ I_o - I_L = 0 \\ D V_i - V_o - R_L I_L = 0 \end{cases} \tag{II.17}$$

II.2.1.5. Rapport de conversion et rendement

Le rapport de conversion M est défini comme étant le rapport entre la tension de sortie et la tension d'entrée comme suit :

$$M(D) = \frac{V_o}{V_i} = \eta . D \tag{II.18}$$

Où η est le rendement du convertisseur défini comme étant le rapport entre la puissance de sortie sur la puissance d'entrée :

$$\eta = \frac{P_o}{P_i} = \frac{V_o I_o}{V_i I_i} \tag{II.19}$$

La relation (I.34) donne :

$$M(D) = \frac{V_o}{V_i} = \frac{1}{1 + \frac{R_L I_o}{V_o}} . D = \frac{1}{1 + \frac{R_L}{Z}} . D \tag{II.20}$$

Avec $\eta = \dfrac{1}{1 + \dfrac{R_L}{Z}}$

Avec Z l'impédance complexe de la charge.

A partir des relations (II.19) et (II.20) on conclut que le rapport de conversion M reste linéaire en fonction de D et confiné entre zéro et la valeur du rendement, et que des charges Z importantes causent une grande perte dans le transfert de puissance à travers le convertisseur ainsi qu'une tension de sortie faible.

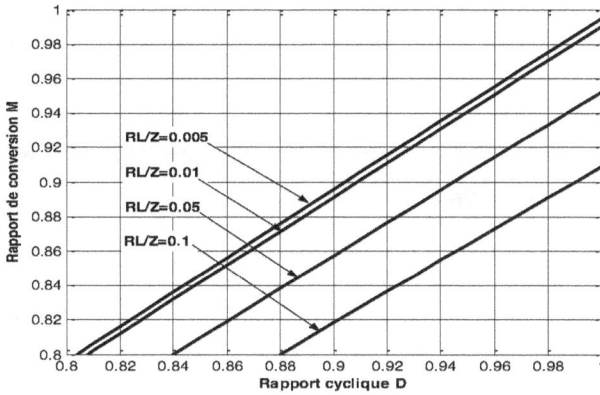

Figure II.5 Rapport de conversion M, en fonction du rapport cyclique D

Pour différentes valeurs de R_L/Z *(cas d'un Buck)*.

II.2.2. Hacheur Boost (parallèle, élévateur ou survolteur)

Le schéma ci-dessous représente le circuit électrique du BOOST. Durant le temps DTs, l'interrupteur K est fermé, le courant dans l'inductance croit progressivement, au fur et à mesure elle emmagasine de l'énergie, jusqu'à la fin du premier intervalle. L'interrupteur K s'ouvre et l'inductance L délivre le courant I_L et ainsi génère une tension qui s'ajoute à la tension de source, qui s'applique sur la charge à travers la diode D.

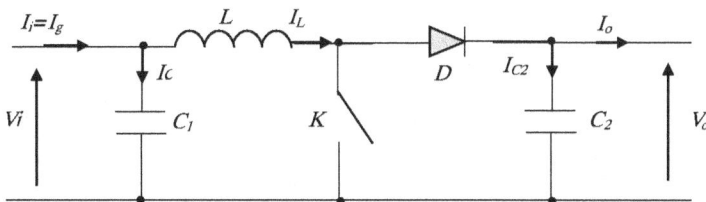

Figure II.6. Circuit électrique d'un convertisseur DC-DC de type Boost.

47

II.2.2.1. Modèle mathématique équivalent

La figure II.7 représente les schémas équivalents d'un hacheur Boost dans les deux intervalles de temps.

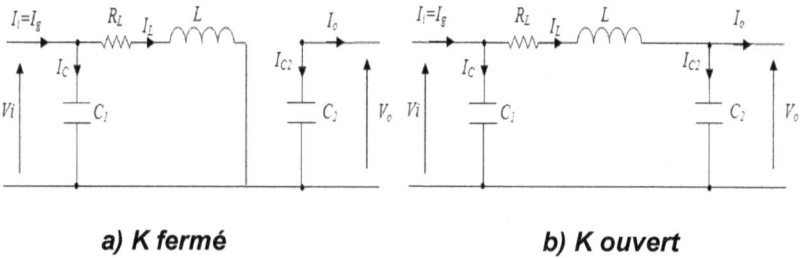

a) K fermé   b) K ouvert

Figure II.7. Circuits équivalents du convertisseur Boost

L'application des lois de Kirchhoff sur les deux circuits équivalents des deux phases de fonctionnement(Knopf, 1999), (Shraif, 2002), (Aziz, 2006) (Guesmi, 2006) :

$0 < t < DTs$

$$\begin{cases} i_{C1} = C_1 \dfrac{dv_i}{dt} = i_i - i_L \\[2mm] i_{C2} = C_2 \dfrac{dv_o}{dt} = -i_o \\[2mm] v_L = L \dfrac{di_L}{dt} = v_i - R_L i_L \end{cases} \qquad (II.21)$$

$DTs < t < Ts$

$$\begin{cases} i_{C1} = C_1 \dfrac{dv_i}{dt} = i_i - i_L \\[2mm] i_{C2} = C_2 \dfrac{dv_o}{dt} = i_L - i_o \\[2mm] v_L = L \dfrac{di_L}{dt} = v_i - v_o - R_L i_L \end{cases} \qquad (II.22)$$

II.2.2.2. Modèle approximé du convertisseur Boost

En appliquant la relation (II.5) sur les systèmes d'équations (II.21) et (II.22), on obtient les équations qui régissent le système sur une période entière (Knopf, 1999), (Shraif, 2002), (Aziz, 2006) (Guesmi, 2006) :

$$
\begin{cases}
C_1 \dfrac{dv_i}{dt} T_s = DT_s (i_i - i_L) + (1-D) T_s (i_i - i_L) \\
C_2 \dfrac{dv_o}{dt} T_s = -DT_s \, i_o + (1-D) T_s (i_L - i_o) \\
L \dfrac{di_L}{dt} T_s = DT_s (v_i - R_L i_L) + (1-D) T_s (v_i - v_o - R_L i_L)
\end{cases}
\tag{II.23}
$$

En arrangeant les termes des équations précédentes, (pour qu'on puisse interconnecter le Boost avec les autres blocs de simulation), on obtient le modèle dynamique du convertisseur Boost tel que:

$$
\begin{cases}
i_L = i_i - C_1 \dfrac{dv_i}{dt} \\
i_o = (1-D) i_L - C_2 \dfrac{dv_o}{dt} \\
v_i = (1-D) v_o + R_L i_L + L \dfrac{di_L}{dt}
\end{cases}
\tag{II.24}
$$

II.2.2.3. Ondulations des courants et des tensions

La pente du courant I_L et les tensions V_{c1} et V_{c2} pendant la première période de fonctionnement est donnée par (Knopf, 1999), (Shraif, 2002), (Aziz, 2006) (Guesmi, 2006) :

$$
\begin{cases}
\dfrac{di_L}{dt} = \dfrac{v_L}{L} \approx \dfrac{V_i - R_L I_L}{L} \\
\dfrac{dv_{C_1}}{dt} = \dfrac{i_{C1}}{C_1} \approx \dfrac{I_i - I_L}{C_1} \\
\dfrac{dv_{C_2}}{dt} = \dfrac{i_{C2}}{C_2} \approx \dfrac{-I_o}{C_2}
\end{cases}
\tag{II.25}
$$

49

Les valeurs crête à crête des courants et des tensions sont :

$$\begin{cases} I_{Lcc} = 2\Delta I_L = \dfrac{V_i - R_L I_L}{L} DTs \\[3mm] V_{icc} = 2\Delta V_i = \dfrac{I_i - I_L}{C_1} DTs \\[3mm] V_{occ} = 2\Delta V_o = \dfrac{-I_o}{C_2} DTs \end{cases} \qquad (\text{II.26})$$

Les valeurs des composantes à choisir pour des ondulations données sont :

$$\begin{cases} L = \dfrac{V_i}{2\Delta I_L} DTs \\[3mm] C_1 = \dfrac{I_i - I_L}{2\Delta V_i} DTs \\[3mm] C_2 = \dfrac{-I_o}{2\Delta V_o} DTs \end{cases} \qquad (\text{II.27})$$

II.2.2.4. Etude en régime continu

Comme pour le circuit Buck, en remplaçant les dérivées des signaux par des zéros, ainsi on peut remplacer les signaux de convertisseur par leurs grandeurs moyennes, cela simplifie les systèmes d'équations précédents comme suit (Knopf, 1999), (Shraif, 2002), (Aziz, 2006) (Guesmi, 2006) :

$$\begin{cases} I_i - I_L = 0 \\ I_o - (1-D)I_L = 0 \\ V_i - (1-D)V_o - R_L I_L = 0 \end{cases} \qquad (\text{II.28})$$

II.2.2.5. Rapport de conversion et rendement

En utilisant la relation I.28, on peut calculer le rapport de conversion V_o/V_i tel que:

$$M(D) = \frac{V_o}{V_i} = \frac{1}{(1-D) + \dfrac{R_L I_L}{V_o}} = \frac{1}{1 + \dfrac{R_L I_o}{(1-D)^2 V_o}} \frac{1}{(1-D)} = \frac{1}{1 + \dfrac{R_L}{(1-D)^2 Z}} \frac{1}{(1-D)} = \eta \frac{1}{(1-D)} \quad \text{(II.29)}$$

On remarque que le rendement η ne dépend pas seulement de la charge complexe Z du convertisseur et des résistances parasites des composantes, mais elle dépend aussi du rapport cyclique D (fig. II.8). Ainsi il est recommandé, pour que le Boost fournisse un bon rendement, de ne pas dépasser des rapports cycliques D supérieur à une certaine valeur, fixée par la qualité de l'inductance et la charge utilisée.

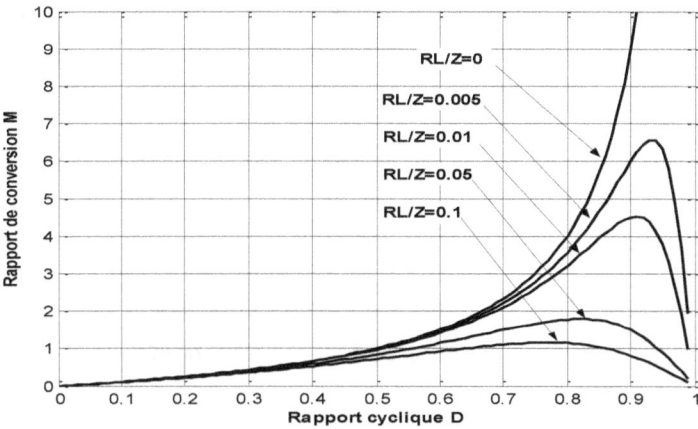

Figure II.8 Rapport de conversion M, en fonction du rapport cyclique D

Pour différentes valeurs de R_L/Z (cas d'un Boost).

II.2.3. Hacheur Buck-Boost

Le convertisseur Buck-Boost combine les propriétés des deux convertisseurs précédents. Il est utilisé comme un transformateur idéal qui pourrait s'appliquer à n'importe quelle tension d'entrée afin d'obtenir la tension de sortie désirée.

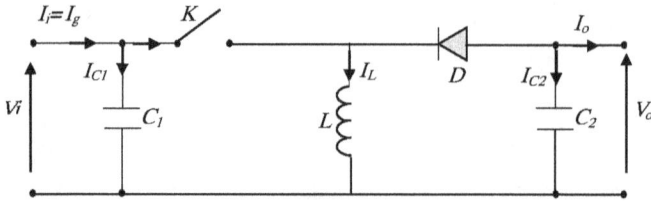

Figure II.9. Circuit électrique d'un convertisseur DC-DC de type Buck-Boost.

En premier temps, K est fermé la tension de la source est appliquée aux bornes de l'inductance L, où elle se charge d'énergie jusqu'au début de la deuxième phase de fonctionnement, puis K s'ouvre et la tension de l'inductance se trouve appliquée à la charge, où son courant circule dans le sens inverse d'une aiguilles de montre à travers la diode D et ainsi la tension de sortie sera négative, (Figure II.9).

II.2.3.1. Modèle mathématique équivalent

La figure II.10 montre les deux schémas équivalents du convertisseur Buck-Boost pour les deux périodes de fonctionnement (Knopf, 1999), (Shraif, 2002), (Aziz, 2006).

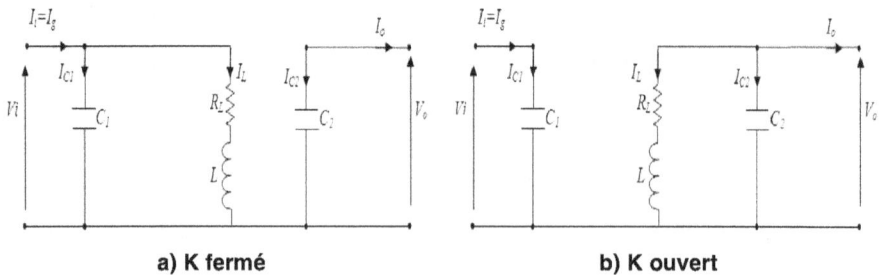

a) K fermé   b) K ouvert

Figure II.10. Circuits équivalents du convertisseur Buck-Boost

En appliquant les lois de Kirchhoff sur les circuits équivalents précédents, on obtient :

0 ≤ t < DTs

$$\begin{cases} i_{C1} = C_1 \dfrac{dv_i}{dt} = i_i - i_L \\[2mm] i_{C2} = C_2 \dfrac{dv_o}{dt} = -i_o \\[2mm] v_L = L \dfrac{di_L}{dt} = v_i - R_L\, i_L \end{cases}$$

(II30)

DTs< t <Ts

$$\begin{cases} i_{C1} = C_1 \dfrac{dv_i}{dt} = i_i \\[2mm] i_{C2} = C_2 \dfrac{dv_o}{dt} = -i_o - i_L \\[2mm] v_L = L \dfrac{di_L}{dt} = v_o - R_L\, i_L \end{cases}$$

(II.31)

II.2.3.2. Modèle approxime du convertisseur Buck-Boost

En appliquant la relation (II.5) sur les systèmes d'équations (II.30) et (II.31), on obtient la modélisation dynamique du Buck-Boost(Knopf, 1999), (Shraif, 2002), (Aziz, 2006):

$$\begin{cases} C_1 \dfrac{dv_i}{dt} T_s = DT_s\,(i_i - i_L) + (1-D)T_s\, i_i \\[2mm] C_2 \dfrac{dv_o}{dt} T_s = -DT_s\, i_o + (1-D)T_s\,(-i_o - i_L) \\[2mm] L \dfrac{di_L}{dt} T_s = DT_s\,(v_i - R_L\, i_L) + (1-D)T_s\,(v_o - R_L\, i_L) \end{cases}$$

(II.32)

En arrangeant les termes des équations précédentes, (pour qu'on puisse interconnecter le Buck-Boost avec les autres blocs de simulation), on obtient :

$$\begin{cases} i_L = \dfrac{1}{D}\left(i_i - C_1 \dfrac{dv_i}{dt}\right) \\ i_o = -(1-D)i_L - C_2 \dfrac{dv_o}{dt} \\ v_i = \dfrac{1}{D}\left(-(1-D)v_o + R_L\, i_L + L\dfrac{di_L}{dt}\right) \end{cases} \qquad (\text{II.33})$$

II.2.3.3. Ondulations des courants et des tensions

En suivant les mêmes procédures précédentes, on trouve les mêmes résultats que pour le circuit Boost (Knopf, 1999), (Shraif, 2002), (Aziz, 2006):

Les valeurs crête à crête des courants et des tensions sont :

$$\begin{cases} I_{Lcc} = 2\Delta I_L = \dfrac{V_i - R_L I_L}{L} DTs \\ V_{icc} = 2\Delta V_i = \dfrac{I_i - I_L}{C_1} DTs \\ V_{occ} = 2\Delta V_o = \dfrac{-I_o}{C_2} DTs \end{cases} \qquad (\text{II.34})$$

Les valeurs des composantes à choisir pour des ondulations données sont :

$$\begin{cases} L = \dfrac{V_i - R_L I_L}{2\Delta I_L} DTs \\ C_1 = \dfrac{I_i - I_L}{2\Delta V_i} DTs \\ C_2 = \dfrac{-I_o}{2\Delta V_o} DTs \end{cases} \qquad (\text{II.35})$$

II.2.3.4. Etude en régime continu

Comme pour le circuit Buck, en remplaçant les dérivées des signaux par des zéros, ainsi on peut remplacer les signaux de convertisseur par leurs grandeurs moyennes, cela simplifie les systèmes d'équations précédents comme suit :

$$\begin{cases} I_i - DI_L = 0 \\ I_o + (1-D)I_L = 0 \\ DV_i + (1-D)V_o - R_L I_L = 0 \end{cases} \qquad (I.36)$$

II.2.3.5. Rapport de conversion et rendement

En utilisant les relations II.36, on peut calculer le rapport de conversion V_o/V_i :

$$M(D) = \frac{V_o}{V_i} = \frac{1}{-(1-D)+\dfrac{R_L I_L}{V_o}} D = \frac{1}{-1-\dfrac{R_L I_o}{(1-D)^2 V_o}} \frac{D}{(1-D)} = \frac{1}{1+\dfrac{R_L}{(1-D)^2 Z}} \frac{-D}{(1-D)} = \eta \frac{-D}{(1-D)} \qquad (II.37)$$

Comme le Boost le rendement η dépend de la charge complexe Z du convertisseur, des résistances parasites des composantes, et aussi du rapport cyclique D (fig. II.11).

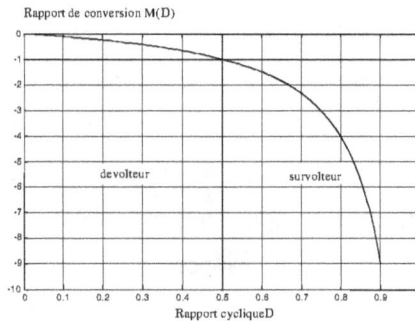

Figure II.11. Rapport de conversion M(D) pour un convertisseur Buck - Boost

II.3. Principe de la recherche du point
de puissance maximale (MPPT)

Lors du fonctionnement d'un générateur PV adapté par des convertisseurs d'énergie, le point de puissance maximale PPM peut être dégradé suite aux variations des conditions météorologiques ou de la charge (Aziz, 2006). L'adaptation entre la source et la charge a lieu en variant le rapport cyclique *D*. en réalité, la recherche de ce point de puissance maximale doit être réalisé *automatiquement*. Ce ci est tout à fait possible en adoptant l'une des approches d'adaptation connues sous le nom des commandes MPPTs (Maximum Power Point Tracking) (Alonso, et al, 2002), (Singer et Braunstein, 1987), (Mewe and Merwe, 1998), (Hiama et al, 1995) (Hohm and Ropp, 2002), Hussein et al, 1995), (Messenger et Ventre, 2003), (Femia et al, 2005), (Abouda et al, 2011). Les différentes méthodes sont basées sur une boucle de contre réaction utilisant soit le courant, la tension où la puissance. Ces dernières sont les plus utilisées car elles exploitent à la fois la tension et le courant. En se basant sur l'étude comparative menée dans [Hohm et Ropp, 2002], l'algorithme « Perturbation et Observation » reste plus simple à implémenter et permet d'avoir les meilleurs résultats s'il est bien optimisé. Néanmoins, cet algorithme reste sensible aux changements climatiques. Pour résoudre ce problème, la logique floue peut être une alternative. Ainsi, plusieurs approches ont été proposées dans la littérature [Hohm et Ropp, 2002]. Néanmoins, la plupart de ces approches peuvent être considérées comme une fuzzification des approches classiques. Pour résoudre ce problème, nous avons utilisé une entrée utilisant la variation de la puissance par rapport à la tension et une variable supplémentaire qui la variation cde celle-ci ce qui permet d'avoir un système réactive aux changements climatiques.

II.3.1 Algorithme Perturbation Et Observation (P&O)

La méthode de P&O est une approche largement répandue dans le domaine des techniques MPPT, en raison de sa simplicité. Elle exige seulement des mesures sur la tension de sortie du panneau V_{pv}et son courant de sortie I_{pv}. Elle peut tout de suite dépister le point de puissance maximale en générant à sa sortie une tension V_{ref}. Comme son nom l'indique, la méthode P&O fonctionne par la perturbation de V_{pv} et l'observation de son impact sur le changement de la puissance de sortie du panneau PV.

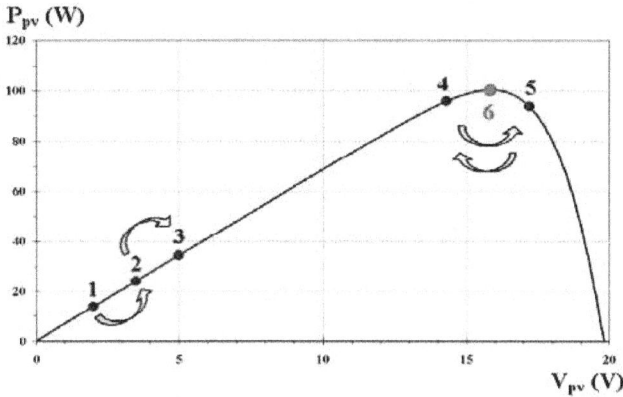

Figure II.12. Principe de fonctionnement des commandes MPPT

La figure II.12, présente le principe de cette commande qui est basse sur le déplacement du point de fonctionnement en augmentant V_{PV} lorsque dP_{PV}/dV_{PV} est positif ou en diminuant V_{PV} lorsque dP_{PV}/dV_{PV} est négatif. Au final, le système oscille autour de la puissance maximale.

L'organigramme de cette commande (P&O) est représenté par la figure II.13. Cet algorithme est conçu de sorte qu'il fonctionne sur un calculateur et mesure à chaque cycle de l'algorithme, V_{PV} et I_{PV} pour calculer $P_{PV}(k)$. Cette valeur de $P_{PV}(k)$ est comparée avec celle de $P_{PV}(k-1)$ déjà calculée à l'itération précédente. Si la puissance de sortie a augmenté depuis la dernière mesure, la perturbation de la tension de sortie continuera dans la même direction que celle qui a été prise au dernier cycle.

Si la puissance de sortie a diminué depuis la dernière mesure, V_{PV} est perturbé dans la direction opposée de celle de l'itération précédente. V_{PV} est ainsi perturbée à chaque cycle MPPT. Quand le point de puissance maximale est atteint, V_{PV} oscille autour de la valeur optimale V_{OP}. Ceci cause une perte de puissance qui augmente avec la taille du pas de la perturbation.

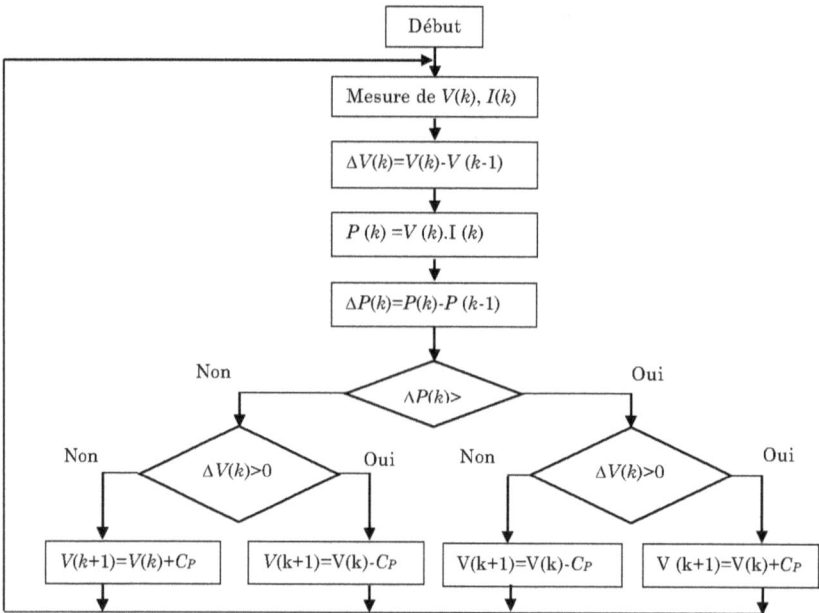

Figure II.13 Organigramme de l'algorithme P&O (C_P *: largeur du pas de la perturbation)*

II.3.Simulation (Algorithme P&O)

Le schéma synoptique de l'alimentation simulé sous Simulink est donné par le bloc représenté par la figure II.14. Nous soulignons ici que chaque bloc a été construit d'après les équations de fonctionnement déjà étudiées dans ce chapitre.

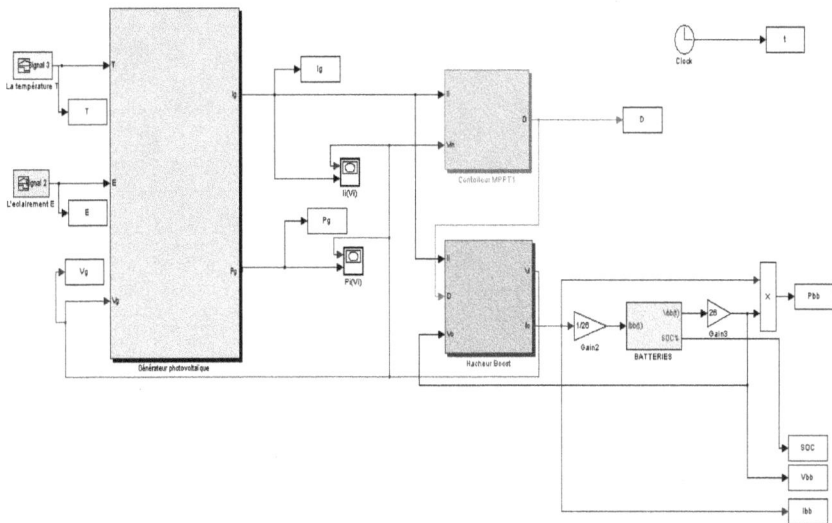

Figure II.14. Schéma bloc de l'alimentation (utilisant un contrôleur P&O).

Ce bloc est constitué de :

- Un générateur photovoltaïque.
- Un convertisseur DC/DC de type Buck-Boost.
- Groupe de batteries comme charge.
- Contrôleur MPPT.

II.3.1. Dans les conditions standard

Afin de visualiser l'effet de la poursuite du PPM, on effectue une simulation dans les conditions atmosphériques standard (1000W/m^2, 25°C), ainsi la simulation sans le contrôleur MPPT

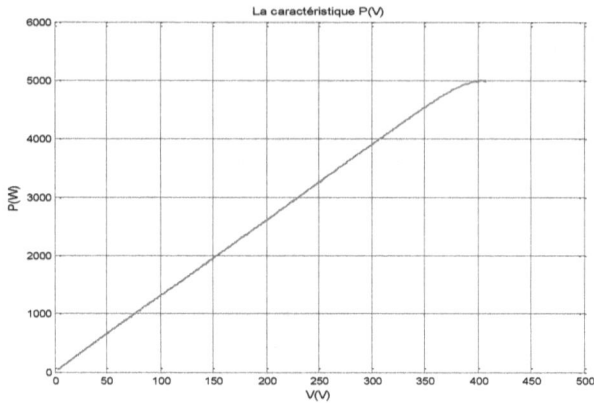

Figure II.15. Caractéristique P (V) dans les conditions atmosphériques standards de l'algorithme P&O

Quand le point de puissance maximale est atteint, la commande MPPT maintien le point de fonctionnement a ce dernier (figure .II.15).

Les figures ci-dessous nous permettent de visualiser la variation du rapport cyclique ainsi la puissance et la tension en régime dynamique avec et sans la commande MPPT.

On distingue deux parties, la première est celle du régime transitoire et la seconde est celle du régime permanent, ainsi le temps de réponse nécessaire pour rattraper le PPM

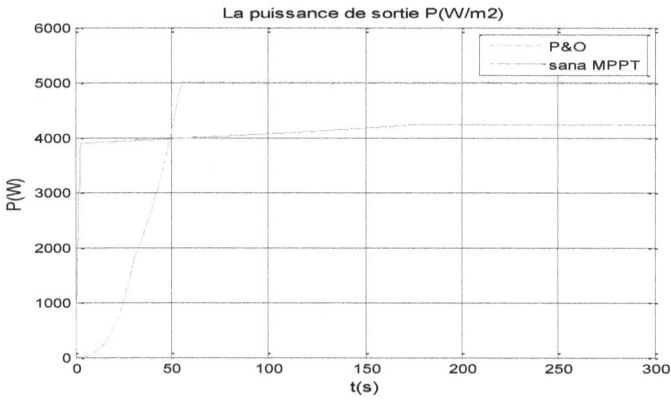

Figure II.16. Variation de la puissance dans les conditions atmosphériques standards avec et sans l'algorithme P&O

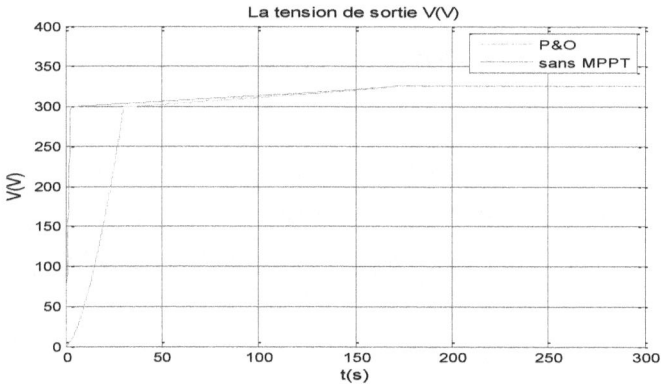

Figure II.17. Variation de la tension dans les conditions atmosphériques standards avec et sans l'algorithme P&O

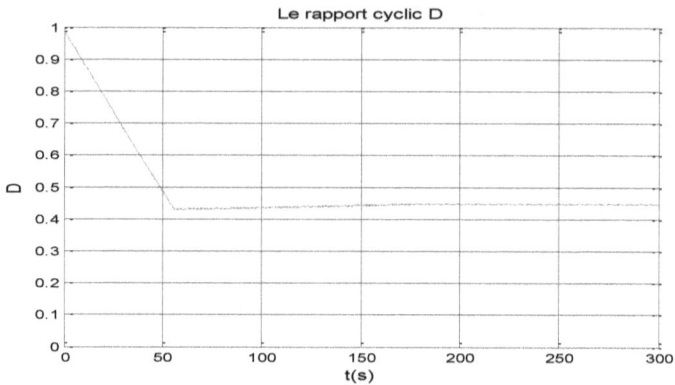

Figure II.18. Variation du rapport cyclique dans les conditions atmosphériques standards pour l'algorithme P&O

D'après ces figures on constate que l'utilisation d'un contrôleur MPPT est nécessaire pour obtenir un rendement maximal.

II.3.2. Fonctionnement sous conditions variables

Afin de visualiser le comportement de notre système en condition réel, on fait varier l'éclairement et la température, ainsi le pas d'incrémentation. Ces variations nous permettent d'étudier la robustesse de notre système.

II.3.2.1. Variation de l'éclairement

La diminution de l'éclairement varie de $1000W/m^2$ jusqu'à $500W/m^2$ durant une perturbation de 100s. La température est maintenue constante à 298 K (25°C)

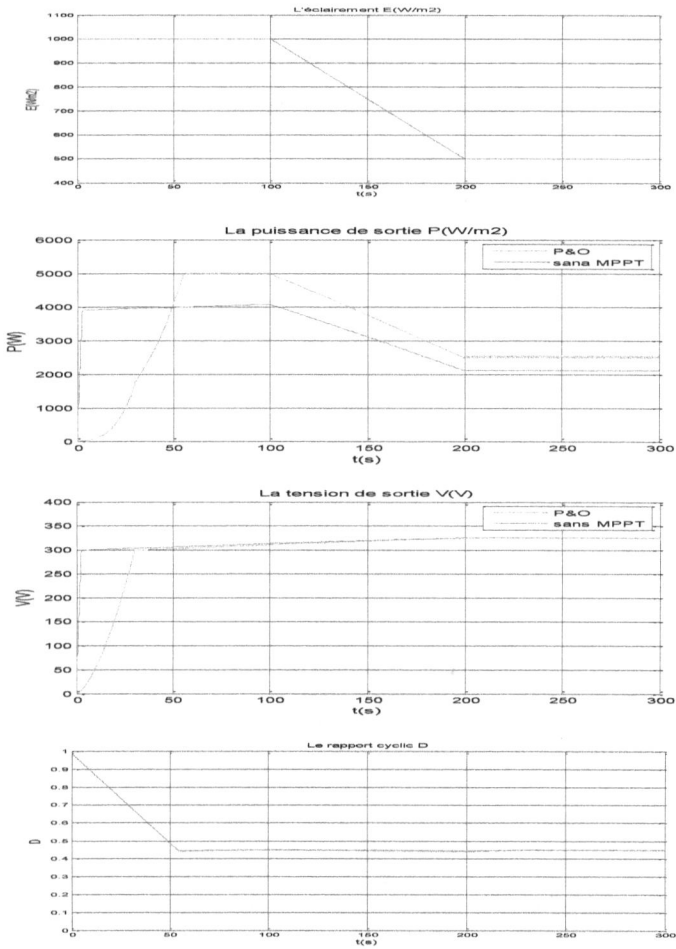

Figure II.19. Variation de la puissance, tension et rapport cyclique pour une diminution de l'éclairement pour l'algorithme P&O

La diminution de l'éclairement affecte le comportement de PPM (fig.II.19), par conséquent la réduction de la puissance maximale délivrée par le GPV

63

II.3.2.2. Variation de la température

L'augmentation de la température varie de 298K (25°C) jusqu'à 313K (40°C) durant une perturbation de 100s. L'éclairement est maintenu constant à 1000W/m².

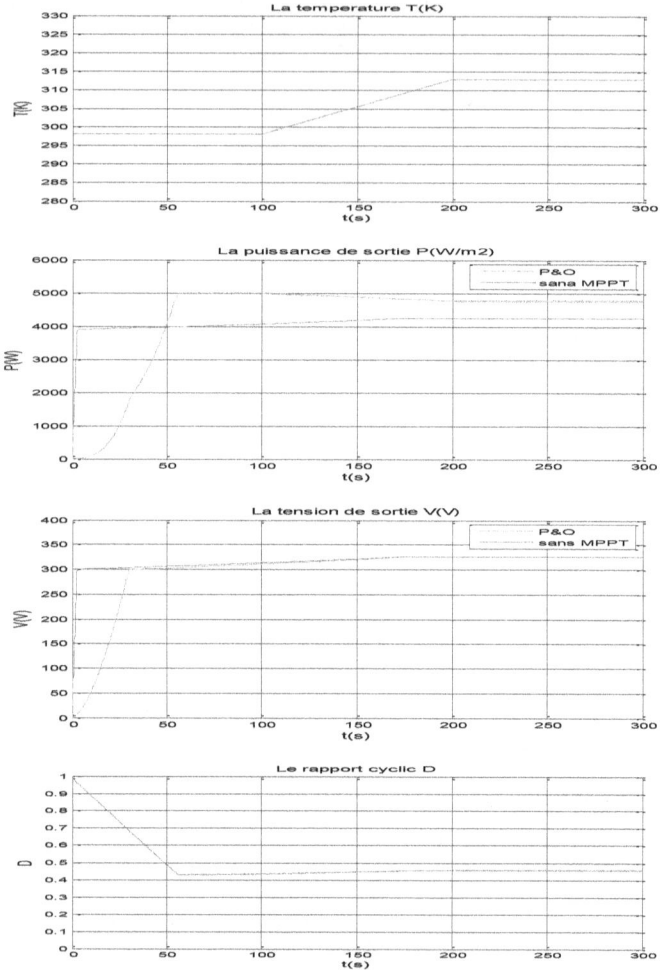

Figure II.20. Variation de la puissance, tension et rapport cyclique pour une diminution de la température pour l'algorithme P&O

64

L'augmentation de la température affect légèrement la tension de sortie du générateur et par conséquence la puissance transférée à la charge dans le cas d'un contrôleur MPPT (fig. II.20), mais dans le cas « sans MPPT », on ne voit pas cette augmentation à cause de la présence des batteries qui maintient la tension de sortie du générateur constante.

II.3.2.3. Variation simultané de l'éclairement et de la température

La figure ci-dessous représente des perturbations simultanées des conditions atmosphériques; Une augmentation de l'éclairement de 500W/m^2 a 1000W/m^2 durant 100 s, et une augmentation de température de 298K (25°C) à 313K (40°C) la même durée.

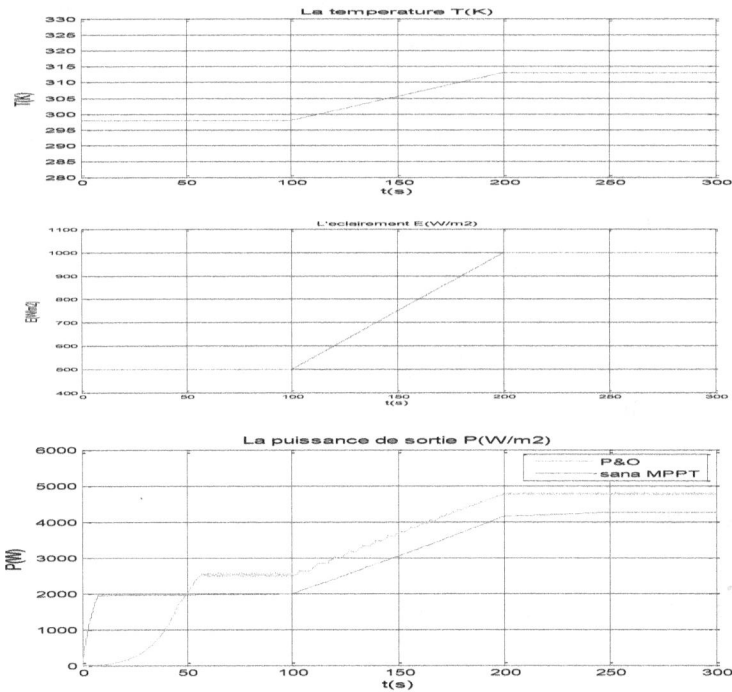

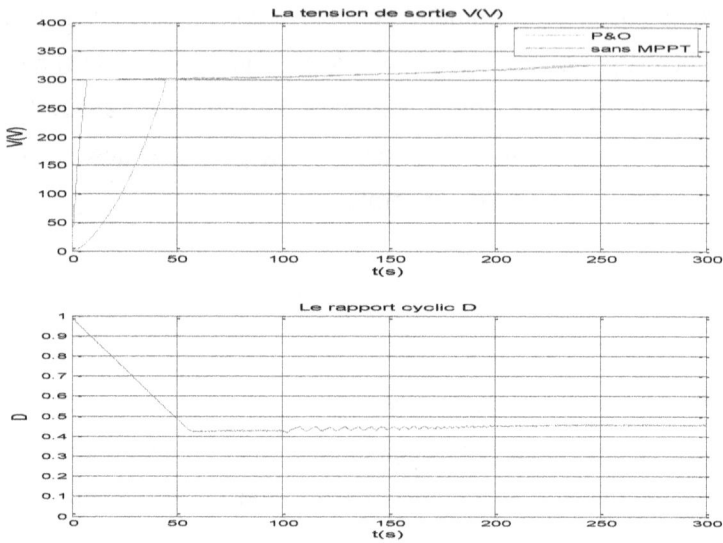

Figure II.21. Variation de la puissance, tension et rapport cyclique pour une augmentation simultanée de l'éclairement et la température pour l'algorithme P&O

D'après les figures II.19, 20 et 21 on constate que l'éclairement a un effet très important sur la puissance du générateur. Au contraire, la température presque n'a aucune influence sur la puissance de sortie à cause de la présence des batteries assurant la stabilité de la tension de sortie.

II.3.2.4. Effet de la valeur du pas
d'incrémentation du rapport cyclique

Pour voir l'effet du pas sur l'algorithme P&O, on a pris deux valeurs différentes. La simulation est effectuée pour des changements brusques des conditions atmosphériques (fig. II.22).

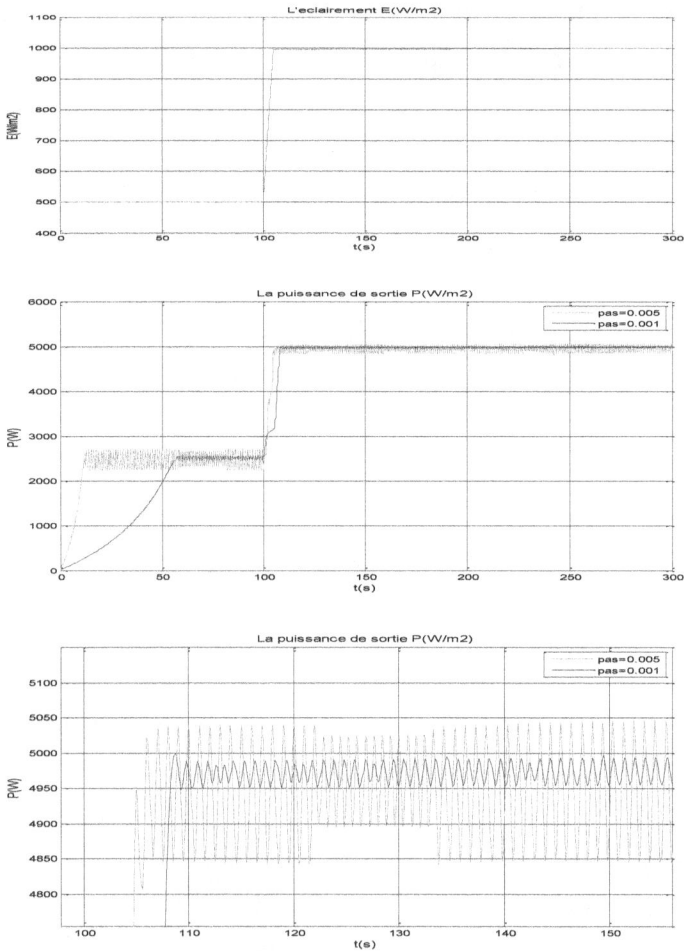

Figure II.22. Variation de poursuite de PPM en fonction des valeurs de pas d'incrémentation de l'algorithme P&O (p=0.001 en noir puis p=0.005en rouge)

Si la largeur du pas est grande, l'algorithme MPPT répondra rapidement aux changements soudains des conditions de fonctionnement, mais les pertes en puissance seront importantes lorsque les conditions de fonctionnement sont stables ou lentement changeantes.

En d'autres termes, si la taille du pas est petite, les pertes de puissance sous des conditions de fonctionnement stables ou lentement changeantes seront inférieures mais le système ne pourra pas répondre rapidement aux changements rapides de la température ou de l'ensoleillement.

L'inconvénient de la technique MPPT par P&O est que dans le cas d'un changement rapide dans les conditions d'éclairement, tel qu'une voiture électrique qui rentre dans un tunnel, cette méthode peut déplacer le point de fonctionnement dans la mauvaise direction.

Pour remédier a ce problème une nouvelle technique sera utilisée basé sur une des techniques d'intelligence artificielle : La logique floue.

II.4. Algorithme basé sur la logique floue

L'intérêt de la logique floue réside dans sa capacité à traiter, l'imprécis, l'incertitude et le vague. Elle est issue de la capacité de l'homme à décider et agir de façon pertinente malgré le flou des connaissances disponibles et a été introduite dans le but d'approcher le raisonnement humain à l'aide d'une représentation adéquate des connaissances. Aussi, succès de la commande floue trouve en grande partie son origine dans sa capacité à traduire une stratégie de contrôle d'un opérateur qualifié en un ensemble de règles linguistiques « si ... alors » facilement interprétables (Zadeh, 1965), (Passino et Yurkovich, 1998), (Boukezzoula, 2000), (Essounbouli, 2004), (Hussain, 2009).

L'utilisation de la commande floue est particulièrement intéressante lorsqu'on ne dispose pas de modèle mathématique précis du processus à commander ou lorsque ce dernier présente de trop fortes non linéarités ou imprécisions. Dans ce qui suit, nous présenterons quelques aspects

68

théoriques de la logique floue, ainsi que les bases de son application pour la commande de processus et nous essayerons d'appliquer cette commande sur la poursuite du point de puissance maximale (MPPT floue).

II.4.1. Les principaux domaines de recherche

et d'application de la logique floue

Il existe plusieurs domaines d'application de la logique floue, citons:

- L'automatisation : production du fer et de l'acier, purification de l'eau, chaînes et robots de fabrication, contrôle de processus (contrôle du climat)...
- L'instrumentation : capteurs, instruments de mesure, reconnaissance de voix et de caractères, ...
- La conception/Jugement : consultation, investissement et développement, horaires de train
- Les ordinateurs : opérateurs, unités arithmétique, micro-ordinateurs, ...
- Le traitement d'information : base de données, recherche d'information, modélisation de systèmes, ...

II.4.2. Description et structure d'une commande par la logique floue

Contrairement aux techniques de réglage classique, le réglage par la logique floue n'utilise pas des formules ou des relations mathématiques bien déterminées ou précises. Mais, il manipule des inférences avec plusieurs règles floues à base des opérateurs flous ET, OU,ALORS,...etc, appliquées à des variables linguistiques.On distingue trois parties principales, constituant la structure d'un régulateur flou (Passino et Yurkovich, 1998), (Boukezzoula, 2000), (Essounbouli, 2004), (Hussain, 2009): une interface de fuzzification,un mécanisme d'inférence,et une interface de Defuzzification.

La figure (II.23) représente, à titre d'illustration la structure d'un régulateur flou à deux entrées et une sortie : ou x_1 et x_2 représentent les variables d'entrée, et x_r celle de sortie ou la commande.

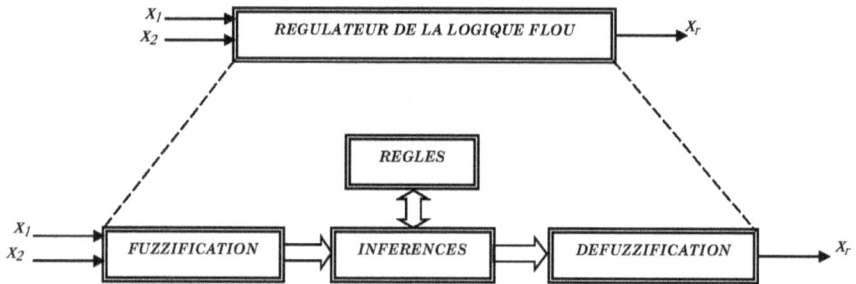

Figure II.23. Structure interne d'un régulateur de la logique floue

II.4.3. Interface de fuzzification

A- Variables linguistiques

La description d'une situation, d'un phénomè ou d'un procédé contient en general des expressions floues comme: quelques, beaucoup, souvent; chaud, froide,lent; grand, petit, etc...... Les expressions de ce genre forment les valeurs des variables liguistiques de la logique floue. Une variable linguistique est représentée par un riplet (V,U,TV) où V est la variable linguistique elle-même, U est l'univers de discours et TV l'ensemble des cara ctérisations floues de la variable.

Dans cette section, nous introduisons les types les dénominations des variables linguistiques utilisées dans le cadre de notre travail. L'opération consiste à transformer les données numériques du système en des valeurs linguistiques sur un domaine normalisé, afin de faciliter la compréhension des résultats obtenus. A partir de ces domaines numériques appelés univers de discours et pour chaque grandeur d'entrée ou de sortie, on peut calculer les degrés d'appartenance aux sous-ensembles flous de la variable linguistique correspondante.

B- formes de fonctions d'appartenance

Il existe différentes formes de fonctions d'appartenance telle que gaussienne triangulaire etc...Le plus souvent, on utilise des formes trapézoïdales ou triangulaires pour les facilité d'implémentation. Il s'agit des formes les plus simples, composées par des morceaux de droites. L'allure est complètement définie par 3 points A, B et C pour la forme triangulaire (figure II.24.a), voir 4 points A, B, C et D pour la forme trapézoïdale (figure II.24.b). La forme rectangulaire, quand à elle, est utilisée pour représenter la logique classique.

Dans la plupart des cas, en particulier pour le réglage par logique floue, ces deux formes sont suffisantes pour délimiter les ensembles flous .

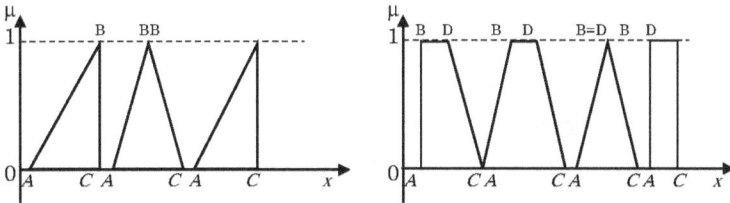

Figure.II.24 (a et b) Formes usuelles des fonctions d'appartenance

Pour clarifier la relation entre les variables linguistiques et les fonctions d'appartenance, nous utiliserons le cas d'une commande d'un hacheur. Il possède deux entrées : l'erreur de la tension de sortie du convertisseur par rapport à une consigne $x_1 = e = V_{ref} - V_s$ et la variation de cette erreur $x_2 = \Delta e$. La figure II.25 présente les fonctions d'appartenance de ces deux variables linguistiques normalisées choisies, constituées de trois sous-ensembles flous {Négatif Grand (NG), Egal à Zéro (EZ), Positif Grand (PG)}.

71

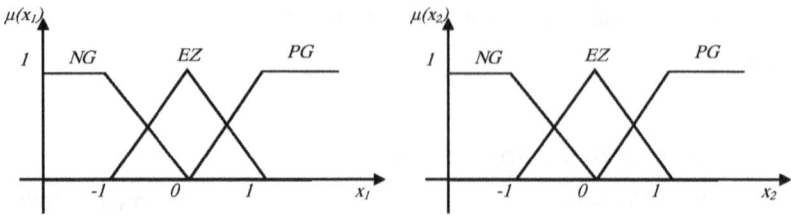

Figure.II.25 Fonctions d'appartenance des
deux variables linguistiques d'entrée normalisées x_1 et x_2

La sortie du régulateur flou, troisième variable linguistique du régulateur, qui doit générer la variation du rapport cyclique du hacheur ($x_r = \Delta\alpha$), est elle aussi normalisée. Ses fonctions d'appartenance sont illustrées par la figure II.26.

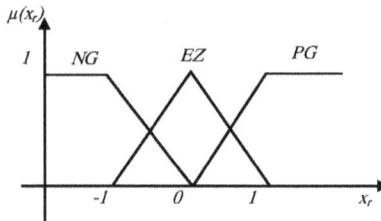

Figure.II.26 Fonctions d'appartenance des
deux variables linguistiques de sortie normalisée x_r

II.4.4. Mécanisme d'inférence floue

Cette étape consiste à relier les variables physiques d'entrée du régulateur (grandeurs mesurées ou estimées), qui sont transformées en variables linguistiques pendant l'étape de fuzzification ; à la variable de sortie du contrôleur sous sa forme linguistique, par des règles mentales traduisant une action ou une décision linguistique sur la commande à la sortie du régulateur, face à toute situation se présentant à l'entrée de ce régulateur.

Ces inférences sont basées sur plusieurs règles établies par l'expertise et le savoir-faire humain concernant le système à régler. Elles sont structurées sous forme compacte dans une matrice multidimensionnelle dite matrice d'inférence.

On exprime les inférences généralement par une description linguistique et symbolique à base de règles pré définies dans la matrice d'inférence.

Chaque règle est composée d'une condition précédée du symbole 'SI' appelée prémisse, et d'une conclusion (action, décision, opération ou commande) précédée du symbole 'ALORS'. Le traitement numérique des règles d'inférence qui permet d'obtenir la sortie linguistique ou floue du régulateur se fait par différentes méthodes, on cite principalement :

- la méthode d'inférence max-min,
- la méthode d'inférence max-prod,
- et la méthode d'inférence somme-prod.

Chacune de ces trois méthodes utilise un traitement numérique propre des opérateurs de la logique floue :

- Pour la méthode d'inférence max-min, l'opérateur ET est réalisé par la formation du minimum, l'opérateur OU est réalisé par la formation du maximum, et ALORS, (l'implication) est réalisée par la formation du minimum.
- Pour la méthode d'inférence max-produit, l'opérateur ET est réalisé par la formation du produit, l'opérateur OU est réalisé par la formation du maximum, et ALORS (l'implication) est réalisée par la formation du produit.
- Pour la méthode d'inférence somme-produit, on réalise au niveau de la condition, l'opérateur OU par la formation de la somme (valeur moyenne), et l'opérateur ET par la formation du produit. Pour la conclusion, l'opérateur ALORS est réalisé par un produit.

Dans le cas de la méthode somme-produit, l'actions des différentes règles sont liées entre elles par l'opérateur OU qui est réalisé par la formation de la moyenne arithmétique (somme moyenne). Alors, pour chaque règle on obtient la fonction d'appartenance de x_r en formant le produit de $\mu(x_1)$, $\mu(x_2)$ et $\mu_{oi}(x_r)$ exigé par la règle:

$$\mu_{Ri}(xr) = \mu(x_1)\,\mu(x_2)\,\mu_{oi}(xr) = \mu_{Ci}\mu_{oi}(x_r) \tag{II.38}$$

Où μ_{Ci} est le degré de vérification de la iéme règle ou condition ;
$\mu(x_1)$ et $\mu(x_2)$ sont les facteurs d'appartenance des deux variables linguistiques aux deux ensembles flous de la iéme règle, pour deux valeurs données de x_1 et x_2 ; Et $\mu_{oi}(x_r)$ est la fonction d'appartenance de la variable de sortie correspondant à la ième règle (Ri).
Alors, la fonction d'appartenance résultante es t exprimée par :

$$\mu_{res}(x_r) = \frac{\mu_{R1}(x_r) + \mu_{R2}(x_r) + \mu_{R3}(x_r) + \cdots + \mu_{Rm}(x_r)}{m} \tag{II.39}$$

Où m est le nombre des règles de la matrice d'inférence.

II.4.5. Interface de défuzification

La défuzzification consiste à déduire une valeur numérique précise de la sortie du régulateur (x_r) à partir de la conclusion résultante floue $\mu_{res}(x_r)$ issue de l'opération d'inférence. Les méthodes couramment utilisées sont:

- La méthode de centre de gravité,
- La méthode du maximum,
- La méthode des surfaces,
- La méthode des hauteurs.

On présente dans ce qui suit l'une des méthodes les plus utilisées, qui est la méthode du centre de gravité. Elle consiste à prendre comme décision ou sortie en la détermination de l'abscisse du centre de gravité de la fonction d'appartenance résultante $\mu_{res}(x_r)$.

Cette abscisse x_{Gr} du centre de gravité de $\mu_{res}(x_r)$ est déterminée par la relation suivante :

$$x_{Gr} = \frac{\int_{-1}^{1} x_r \mu_{res}(x_r) dx_r}{\int_{-1}^{1} \mu_{res}(x_r) dx_r} \qquad \text{(II. 40)}$$

Dans le cas de la méthode d'inférence somme-produit, on peut simplifier l'expression
(II.40) de $\mu_{res}(x_r)$. En effet, selon la relation (II.39) on a :

$$\mu_{res}(x_r) = \frac{1}{m} \sum_{i=1}^{m} \mu_{Ci} \mu_{oi}(x_r) \qquad \text{(II.41)}$$

D'autre part, l'intégrale du dénominateur de (II.40) peut être simplifiée ainsi :

$$\mu_{res}(x_r) dx_r = \frac{1}{m} \sum_{i=1}^{m} \mu_{Ci} \int_{-1}^{1} \mu_{oi}(x_r) \, dx_r = \frac{1}{m} \sum_{i=1}^{m} \mu_{Ci} s_i \qquad \text{(II.42)}$$

Où S_i est la surface de la fonction d'appartenance du sous-ensemble flou de x_r correspondant à la iéme règle.

Pour ce qui est de l'intégrale du numérateur de (II.40), on peut la simplifier de la manière suivante :

$$\int_{-1}^{1} x_r \mu_{res}(x_r) dx_r = \frac{1}{m} \sum_{i=1}^{m} \mu_{Ci} \int_{-1}^{1} x_r \mu_{oi}(x_r) \, dx_r = \frac{1}{m} \sum_{i=1}^{m} \mu_{Ci} x_{Gi} s_i \qquad \text{(II.43)}$$

Ou x_{Gi} est l'abscisse du centre de gravité de la surface S_i.

On obtient finalement l'abscisse du centre de gravité de $\mu_{res}(x_r)$ qui définit la commande ou l'action normalisée :

$$x_{Gr} = \frac{\frac{1}{m} \sum_{i=1}^{m} \mu_{Ci} x_{Gi} s_i}{\frac{1}{m} \sum_{i=1}^{m} \mu_{Ci} s_i} \qquad \text{(II.44)}$$

II.4.6. Poursuite du point de puissance maximale par un algorithme basé la logique floue

La facilite d'utilisation de la logique floue sur tout type d'application, a permis de l'adapter au domaine des énergies renouvelable dont fait partie le photovoltaïque.

Plusieurs chercheurs se sont intéressés à ce type d'algorithme, spécialement pour son application dans la recherche et la poursuite du point de puissance maximale (MPPT). Cette méthode emploie un contrôleur basé sur la logique floue appliqué à un convertisseur DC-DC. Les différentes étapes de la conception de ce contrôleur sont présentées ci-dessous, ainsi que les résultats de simulation.

Les contrôleurs par logique floue ont été récemment utilisés dans la recherche du point de puissance maximale (MPPT) dans les systèmes photovoltaïques ou éolienne .Ils ont l'avantage d'être robuste et relativement simple à concevoir car ils n'exigent pas la connaissance du modèle exact. D'un autre coté ils exigent la connaissance parfaite et complète du système PV par l'operateur pour l'établissement des règles d'inférences.

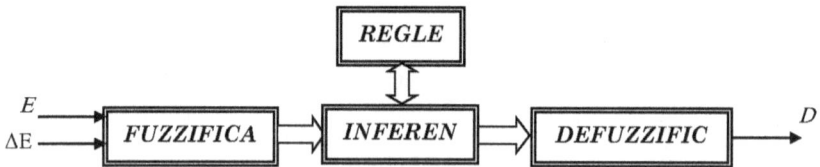

Figure II.27 Régulateur CFMPPT

Le contrôleur CF MPPT proposé, figure II.27, a deux entrées et une sortie .Les deux variables d'entrée du CF sont l'erreur E et la variation de l'erreur ΔE prélevé à chaque pas d'échantillonnage k.

Ces deux variables sont définies par:

$$E(k) = \frac{P_{ph}(k) - P_{ph}(k-1)}{V_{ph}(k) - V_{ph}(k-1)}$$ (II.45)

$$\Delta E(k) = E(k) - E(k-1)$$ (II.46)

Avec :

$P_{ph}(k)$: Puissance instantané du générateur PV

$V_{ph}(k)$: Tension instantanée du générateur PV

La valeur de *E(k)* montre si le point de fonctionnement pour la charge utilisée à l'instant *k* se situe du côté gauche ou du côté droit du point maximum de puissance maximale sur la caractéristique de la courbe P(V). La valeur *ΔE(k)*, elle, exprime le sens de déplacement de ce point.

La méthode choisie pour l'inférence, dans notre travail, est celle de Mamdani. Quant à la défuzzification, c'est la méthode du centre de gravité pour le calcul de la sortie *D*, le rapport cyclique du convertisseur DC-DC, qui a été préférée:

$$D = \frac{\sum_{j=1}^{n} \mu(D_j) - D_j}{\sum_{j=1}^{n} \mu(D_j)}$$ (II.47)

II.4.7. Construction du régulateur flou

A- Fuzzification

Le domaine d'existence, ou univers de discours, a été partagé en cinq intervalles pour chacune des trois variables que sont les deux entrées *E* et *ΔE* et la sortie *D*. Ces intervalles sont décrits par les fonctions d'appartenances montrées en figure II.28 et II.29.

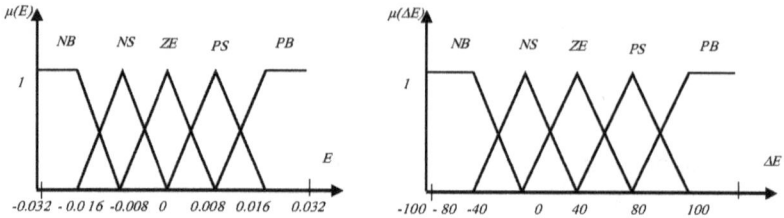

Figure II.28 fonction d'appartenance des variables d'entrées
a)Erreur E   b) Variation de l'erreur ΔE

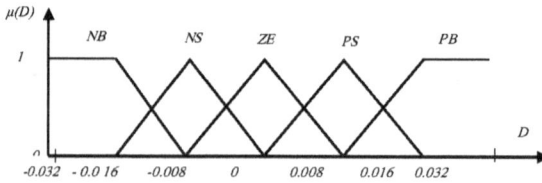

Figure II.29 fonction d'appartenance des variables de sortie D

B- Inférence

Les règles d'inférences choisies ont été obtenues à partir de règles générales appliquées à tout système susceptible d'être commandés. Le tableau suivant présente la matrice d'inférence du régulateur:

↦ \ Δↆ	NB	NS	ZE	PS	PB
NB	ZE	ZE	PB	PB	PB
NS	ZE	ZE	PS	PS	PS
ZE	PS	ZE	ZE	ZE	NS
PS	NS	NS	NS	ZE	ZE
PB	NB	NB	NB	ZE	ZE

Tableau II.1 Matrice d'inférence

C- Dufizzification

La méthode choisie pour la dernière étape de la conception du régulateur floue est la méthode du centre de gravité.

II.5. Simulation et résultats

Le schéma synoptique de l'alimentation simulé sous Simulink est donné par le bloc représenté par la figure II.30. Le bloc global du système PV commandé par le contrôleur flou est donné comme suit:

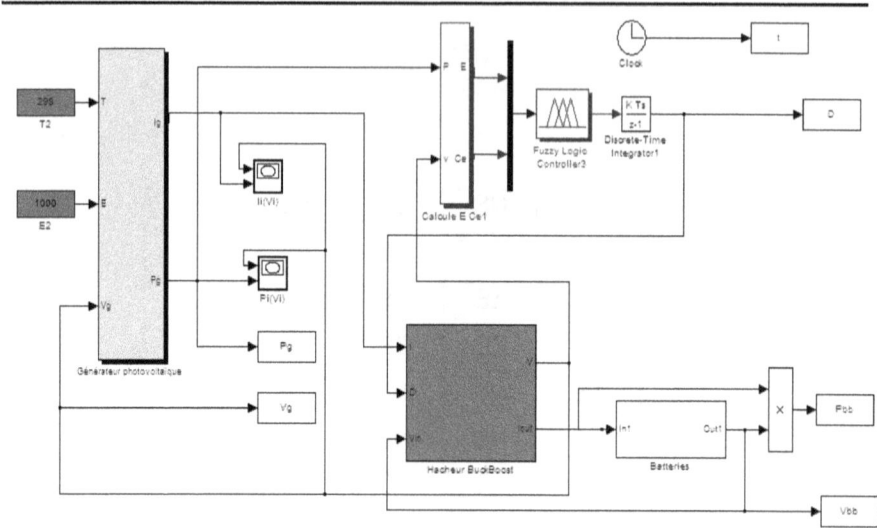

Figure II.30. Schéma bloc de l'alimentation (utilisant un contrôleur flou).

Ce bloc est constitué de :

- Un générateur photovoltaïque.
- Un convertisseur DC/DC de type Buck-Boost.
- Groupe de batteries comme charge.
- Contrôleur flou.

II.5.1. Fonctionnement sous conditions variables

Afin de visualiser la robustesse des deux contrôleurs P&O et floue, on fait varier brusquement l'éclairement. Et comme la température a une légère influence sur la puissance de sortie du convertisseur, on la fixe à 298K.

II.5.2. Variation de l'éclairement

Dans les figures II.31, l'éclairement diminue de 1000W/m^2 jusqu'à 500W/m^2 durant une perturbation de 10s, il stabilise durant 10s, puis il augment jusqu'à 1100 W/m^2. La température est maintenue constante à 298 K (25°C)

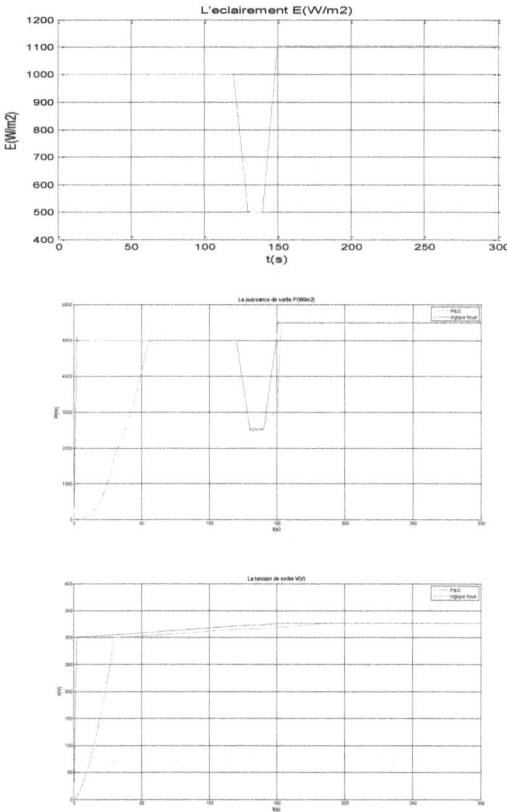

Figure II.31. Variation de la puissance et la tension pour une diminution de l'éclairement pour les deux algorithmes P&O et logique floue

Les figures II.32 représentent un zoom sur la courbe de puissance de sortie des deux techniques MPPT

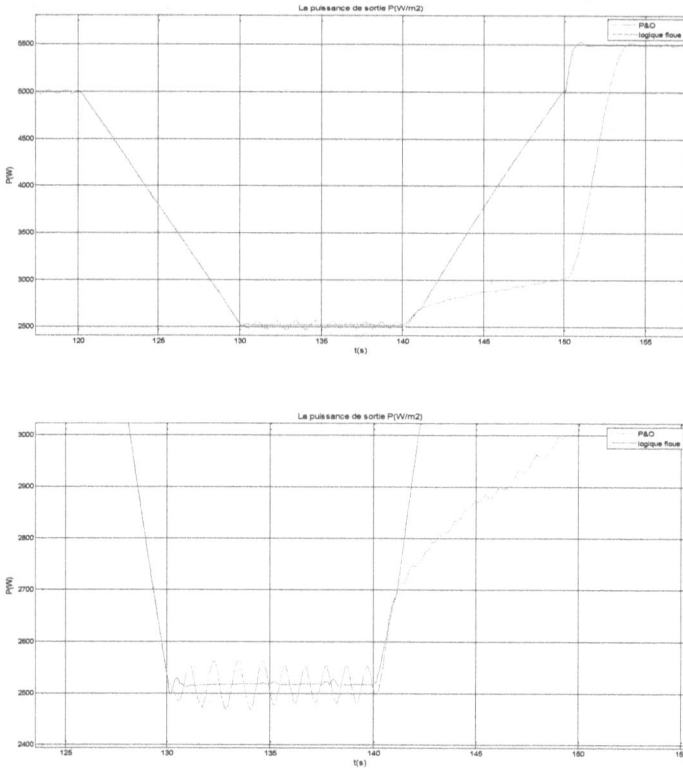

Figure II.32. Zoom sur la puissance de sortie des deux algorithmes P&O et logique floue

En comparant les deux techniques, on remarque que les résultats donnés par le contrôleur flou sont meilleurs, de point de vue de la réponse aux changements météorologiques, et de point de vue de la taille du pas d'incrémentation qui variable dans le cas d'un contrôleur flou.

II.6. Conclusion

Comme le générateur PV dépend fortement du climat, il nous a parut nécessaire de présenter une méthode robuste de recherche du point maximal de puissance afin d'obtenir le rendement maximal du générateur à tout instant malgré les variations du climat (température et/ou éclairement). Pour cela nous avons utilisé un contrôleur flou, qui nous a donné des résultats satisfaisants, car malgré les différentes variations de l'éclairement ou de la température, le générateur nous fournit une puissance optimale. Néanmoins, l'utilisation d'une installation constituée de plusieurs panneaux disposés en parallèle et en série peut diminuer le son rendement. Pour remédier à ces problèmes nous proposons dans ce qui suit ; une gestion optimale d'une telle installation à l'aide d'une supervision par logique floue.

CHAPITRE III

GESTION INTELLIGENTE
D'UNE INTALLATION PHOTOVOLTAÏQUE

III.1. Introduction

Dans la plupart des installations photovoltaïques, on trouve la batterie imbriquée entre le bloc MPPT et la charge. Ceci permet certes d'assurer une continuité d'alimentation mais conduit à un vieillissement prématuré des batteries. Par ailleurs, pour obtenir une puissance suffisante, on procède à la mise ne série et parallèle de plusieurs panneaux photovoltaïques. Néanmoins, en cas de défaillances ou de dégradation du rendement d'un panneau, tout le bloc en série devient inexploitable ce qui diminue le rendement de l'installation.

Pour remédier à ces phénomènes, nous allons proposer dans ce chapitre deux solutions majeures. La première est destinée à le reconfiguration de la structure d'une installation photovoltaïque afin d'obtenir un rendement optimal. La deuxième contribution concerne l'utilisation d'un superviseur flou permettant de gérer la production énergétique afin de réduire au maximum la sollicitation des batteries afin de prolonger leur durée de vie.

III.2. Reconfiguration intelligente
d'une installation photovoltaïque

Généralement, pour optimiser le rendement d'une installation photovoltaïque, nous avons recourt aux algorithme MPPT. Certes ils permettent d'avoir à chaque instant la puissance maximale en supposant que tous les panneaux sont fonctionnels. Cependant, dans le cas d'une dégradation d'un panneau, alors tous ceux qui sont mis en série avec celui-ci seront inexploitables, ce qui peut être un préjudice non négligeable pour l'utilisateur. Pour remédier à ce problème, nous proposons d'utiliser un superviseur qui a pour fonction la reconfiguration de l'installation. Pour cela, le superviseur mesurer le courant issu de chaque panneau et le comparer à un seuil critique. Si celui-ci n'est pas atteint, le superviseur doit mettre le panneau en question hors circuit e, agissant sur une série d'interrupteurs permettant de changer le configuration de l'installation, et ainsi réduire les pertes de puissance rencontrée dans une installation classique.

III.2. 1. Etude de cas.

Afin d'illustrer notre propos, nous considérons une installation composée de quatre panneaux disposés de sorte à avoir deux blocs en parallèles où chacun deux est composé de deux panneaux en série comme montré sur la figure III-1. En plus de la charge, nous supposons que l'installation est équipée d'un algorithme de MPPT. Les interrupteurs S_i sont commandés par le superviseur afin de désactiver le panneaux dont le rendement est dégradé et de restructurer l'installation photovoltaïque. Le superviseur peut être à base de portes logiques, un automate programmable ou tout simplement un superviseur par logique floue. Par un souci de simplicité, nous avons adopté un superviseur à base de portes logiques.

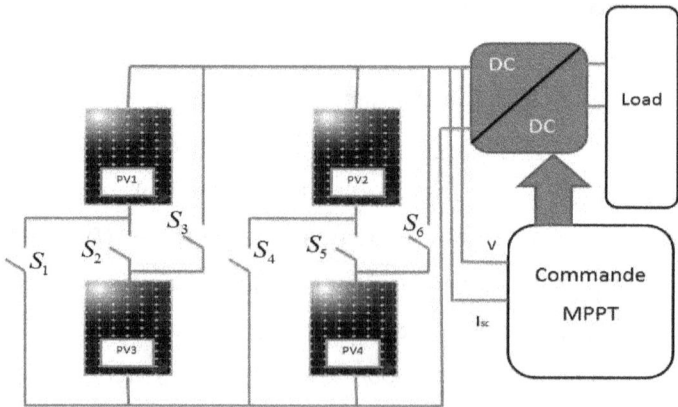

Figure III-1 : installation photovoltaïque étudiée

86

Si l'on décrit l'état d'un panneau par « 1 » dans le cas d'un état normal et par « 0 » dans le cas dégradé, l'utilisation de quatre panneaux nous donne 16 configurations possibles. Les états des interrupteurs S_i correspondants à ces configurations sont résumés dans le tableau ci-dessous.

PV1	PV2	PV3	PV4	S1	S2	S3	S4	S5	S6
0	0	0	0	0	0	0	0	0	0
0	0	0	1	0	0	0	0	0	1
0	0	1	0	0	0	1	0	0	0
0	0	1	1	0	0	1	0	0	1
0	1	0	0	0	0	0	1	0	0
0	1	0	1	0	0	0	0	1	0
0	1	1	0	0	0	1	1	0	0
0	1	1	1	0	0	1	1	0	1
1	0	0	0	1	0	0	0	0	0
1	0	0	1	1	0	0	0	0	1
1	0	1	0	0	1	0	0	0	0
1	0	1	1	1	0	1	0	0	1
1	1	0	0	1	0	0	1	0	0
1	1	0	1	1	0	0	1	0	1
1	1	1	0	1	0	1	1	0	0
1	1	1	1	0	1	0	0	1	0

Tableau III-1 : états des panneaux et des interrupteurs de l'installation étudiée

Cas 1 : état normal

Si l'on considère le cas où tous les panneaux sont fonctionnels. Nous avons les deux interrupteurs S2 et S5 ouverts et le reste des interrupteurs étant fermés comme indiqué dans le tableau III-1. Ainsi, nous obtenons une puissance maximale.

Cas 2 : PV1 dégradé

Dans le second cas comme indiqué dans la figure III-2, nous constatons que trois des cellules fonctionnent et une ne fonctionne pas. Les interrupteurs S1, S2, S5 étant ouverts et les interrupteurs S3, S4, S6 étant fermés. Nous avons réussi à exploiter le panneau PV3 qui est en série avec le panneau dégradé et ainsi augmenter la puissance de l'installation. Dans le cas d'un montage classique, seuls les panneaux PV2 et PB4 sont exploités.

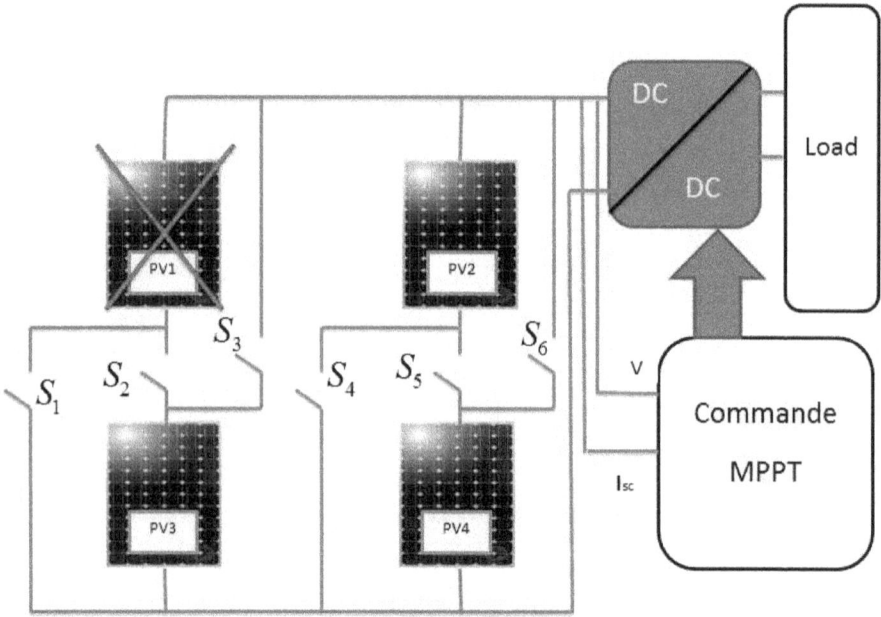

Figure III-2 : installation photovoltaïque étudiée : PV1 dégradé

Cas 3 : PV1 et PV4 sont dégradés

Dans ce cas, donné par la figure III-3, nous considérons que seuls d les deux panneaux PV2 et PV3 sont utilisables. Dans ce cas, le superviseur permet d'avoir les interrupteurs S1 S5 S6 et S2 ouverts et les interrupteurs S3 et S4 fermés. Cette nouvelle configuration permet d'exploiter les panneaux PV2 et PV3 et désactiver PV1 et PV2. En terme de puissance, nous obtenons 50% de la puissance dans le cas d'un fonctionnement normal à l'opposé d'une installation classique où l'installation est inexploitable étant donné que dans chaque bloc série, nous avons un panneau dégradé.

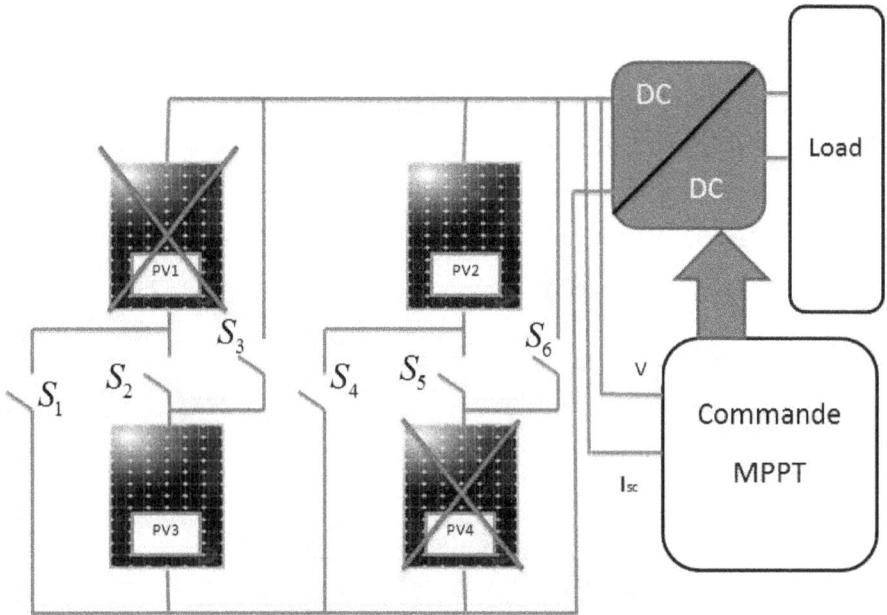

Figure III-3 : installation photovoltaïque étudiée : PV1 et PV4 dégradés

Cas 4 : PV1, PV3 et PV4 sont dégradés

Ce cas est très extrême puisque nous considérons que seul le panneau PV2 est fonctionnel. Pour pouvoir l'exploiter, le superviseur doit ouvrir les interrupteurs S1, S2, S3, S5, et S6 et fermer l'interrupteur S4. Dans ce cas, nous pouvons utiliser le panneau PV2 pour répondre aux besoins de l'utilisation même si nous ne pouvons avoir que 25% de la puissance maximale en cas de fonctionnement normal, alors que celle-ci sera nulle dans une installation classique.

III.2. 2. Conclusion

Dans cette section, nous avons proposé une nouvelle structure permettant d'exploiter efficacement une installation photovoltaïque en cas de dégradation de certains panneaux montés en série. La solution proposée permet de reconfigurer le câblage à l'aide d'interrupteurs de l'installation de telle sorte d'exploiter chaque panneau apte à produire de l'énergie.

III.3. Gestion optimale par logique floue d'une installation photovoltaïque

Le défi pouvant être rencontré dans une installation à énergie renouvelable n'est pas la production de l'énergie mais la gestion rationnelle et efficace de l'énergie. En effet, dans la plupart des installations, les batteries de stockage sont mises entre les panneaux et la charge. Afin de fixer la tension aux bornes de celle-ci et d'assurer une alimentation continue. Néanmoins, cette architecture provoque une sollicitation continue des batteries ce qui mène à un vieillissement prématuré. Pour remédier à ce problème, nous proposons dans ce chapitre une nouvelle structure permettant de solliciter la batterie que si nécessaire et de respecter les cycles de charge. Pour atteindre notre objectif, nous proposons d'utiliser un superviseur par logique floue. Le schéma de principe de l'installation proposée est donnée par la figure III-4.

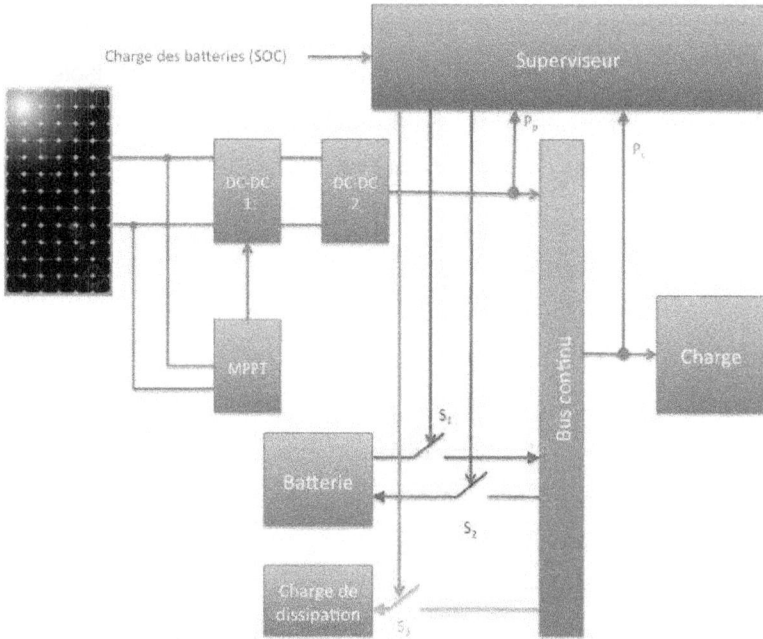

Figure III-4 : schéma de principe de l'installation étudiée

Dans l'installation, le bloc MPPT permet de commande le premier convertisseur DC-DC pour poursuivre le point de puissance maximale et nous avons utilisé l'algorithme flou présenté dans le chapitre II. Le deuxième convertisseur est utilisé pour imposer une tension fixe avant l'injecter dans le bus continu. Cette architecture permet d'insérer facilement un onduleur classique pour alimenter la charge de l'installation. Pour le stockage, nous avons utilisé deux interrupteurs pour pouvoir contrôler efficacement le comportement de la batterie dont l'état de charge est donné par la valeur SOC (« state of charge »). Nous remarquons que nous avons rajouté une charge de dissipation que nous trouvons généralement dans les installation de microcentrale hydrauliques. En effet, nous nous sommes inspirés des travaux de l'équipe sur ce genre d'installations pour pouvoir gérer l'excès de production dans le cas où le stockage devient impossible au niveau de la batterie. En pratique, pour une installation dans un site isolé ce genre charges peut être un chauff-eau, une pompe à eau ou tout simplement des projecteurs halogènes de grandes puissances.

III.3. 1. Mise en œuvre du superviseur flou

Pour faciliter la mise en en œuvre du superviseur flou, certaines parties de l'installation sont gérées d'une manière indépendante, ce qui permet de déconnecter le superviseur en cas de défaillance tout en maintenant un service minimal. Ainsi, le superviseur, devra gérer seulement le flux de puissance : puissance produite (P_p), puissance stockée (P_{bat}), puissance dissipée (P_d) et puissance délivrée (P_c).

Pour cela, le superviseur aura besoin de deux informations la différence entre la puissance produite et celle demandée par la charge, et l'état de charge de la batterie. Comme sortie, nous avons la commande des interrupteurs S_1, S_2 et S_3, dont l'objectif est le suivant :

S_1 : délivrer de l'énergie à la charge via le bus continu afin de compenser le manque de production.

S_2 : charger la batterie dans le cas nous avons un excès de production avec un taux de chargement qui ne dépasse pas 95% de sa capacité maximale.

S_3 : décharger le surplus de production dans le cas où la production dépasse la demande et la batterie est pleine.

Etant donné que la commande des interrupteurs est numérique, nous avons choisi d'utiliser un système flou de type Takagi-Sugeno à conclusion constante ayant comme entrées $\Delta P = P_p-P_c$ (la différence entre la puissance produite et la demande) et Soc l'état de charge de la batterie, et comme sortie l 'tat des trois interrupteurs comme montrée sur la figure III-5.

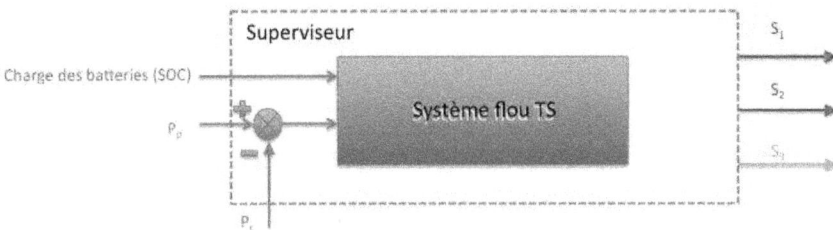

Figure III-5 : structure du superviseur flou

Pour établir les règles floues nécessaires au fonctionnement du superviseur, nous avons tout d'abord défini les ensembles flous comme suit :

Pour les entrées :

$\Delta P = P_p-P_c$: Négatif, MoyenPositif, Positif

SOC (état de charge) : Vide, Moyen, Plein

Pour les sorties :

Nous avons opté pour des singletons :

S_1 : 0 et 1

S_2 : 0 et 1

S_3 : 0 et 1.

La répartition des en sembles flous sur les différents univers de discours est donnée par la figure III-6.

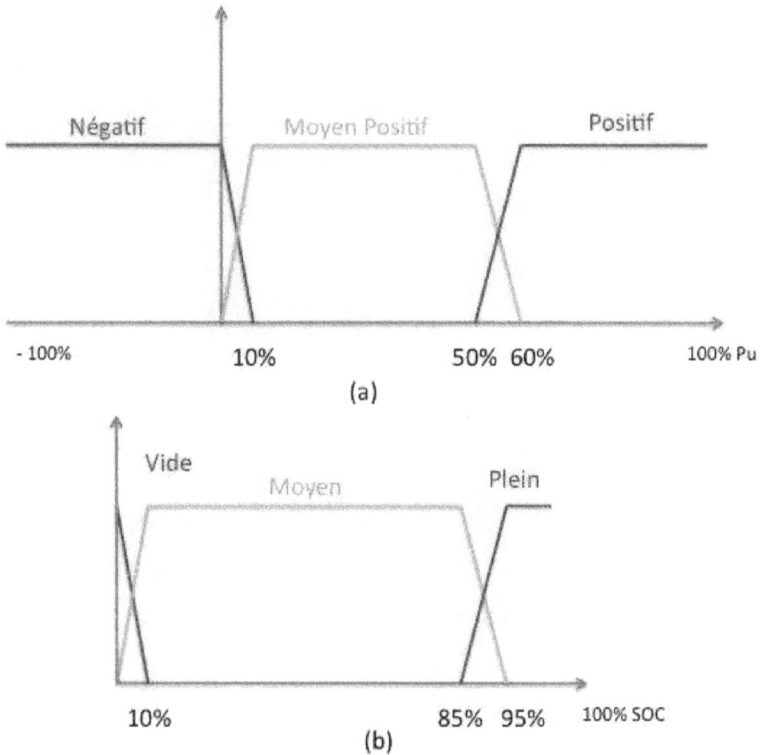

Figure III-6 : répartition des ensembles flous des entrée :
(a) : puissance, (b) : état de charge SOC

Par conséquent, nous pouvons définir des règles floues de la forme :

Si [Δ P est Négatif **ET** SOC est Plein] **Alors** [S_1=1 **ET** S_2=0 **ET** S_3=0]

Si [Δ P est Négatif **ET** SOC est Moyen] **Alors** [S_1=1 **ET** S_2=0 **ET** S_3=0]

Si [Δ P est Négatif **ET** SOC est Vide] **Alors** [S_1=0 **ET** S_2=0 **ET** S_3=0]

94

Si [Δ P est Moyen Positif **ET** SOC est Plein] **Alors** [S_1=0 **ET** S_2=0 **ET** S_3=1]

Si [Δ P est Moyen Positif **ET** SOC est Moyen] **Alors** [S_1=0 **ET** S_2=0 **ET** S_3=1]

Si [Δ P est Moyen Positif **ET** SOC est Vide] **Alors** [S_1=0 **ET** S_2=1 **ET** S_3=0]

Si [Δ P est Positif **ET** SOC est Plein] **Alors** [S_1=0 **ET** S_2=0 **ET** S_3=1]

Si [Δ P est Positif **ET** SOC est Moyen] **Alors** [S_1=0 **ET** S_2=0 **ET** S_3=1]

Si [Δ P est Positif **ET** SOC est Vide] **Alors** [S_1=0 **ET** S_2=1 **ET** S_3=0]

Nous pouvons noter qu'il y a une certaine redondance dans les règles faite pour éviter des sauts brusques entre les états qui peuvent déstabiliser l'installation et surtout s'il l'on utilise un onduleur (problème de fréquence).

III.3. 2. Simulations et résultats

Nous supposons que l'installation est configurée de telle sorte que en cas de fonctionnement optimal, les panneaux peuvent répondre à la demande de la charge nominale et de même pour les batteries. Afin de tester l'efficacité du superviseur développé, nous supposons que la demande de la charge en puissance nominale comme montrée sur la figure III-7.

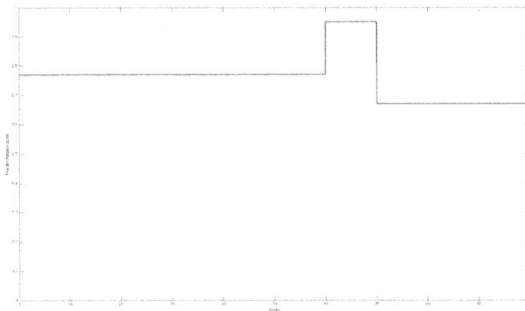

Figure III-7 : flux de puissance demandée

Les résultats de simulations sont donnés par les figures III-8 à III-13. La figure III-8 donne la puissance fournie par les panneaux photovoltaïques alors que la figure III-9 donne celle fournie par la batterie. Si l'on se base sur la figure III-10 qui donne la puissance consommée par la charge, on peut remarquer que la batterie compense le manque de puissance qui devait être fournie par la batterie. Au niveau de la batterie, nous remarquons qu'au début les batteries compensent le manque d'énergie jusqu'a moment où les panneaux arrivent à répondre efficacement à la demande. Puis, nous remarquons que le flux de puissance est nul entre l'instant 60s et 70s ce qui est dû au fait que les batteries sont encore pleines et nous avons un surplus de production qui est envoyé vers la charge de dissipation. Par contre, au delà, de l'instant 70s nous remarquons que nous un flux négatif de puissance qui reflète le phénomène de charge des batteries. Les figures III-10 à III-13 donnent l'état des interrupteurs permettant d'atteindre ces objectifs.

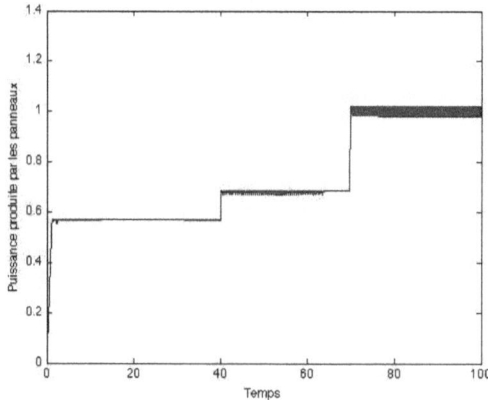

Figure III-8 : puissance produite par les panneaux PV

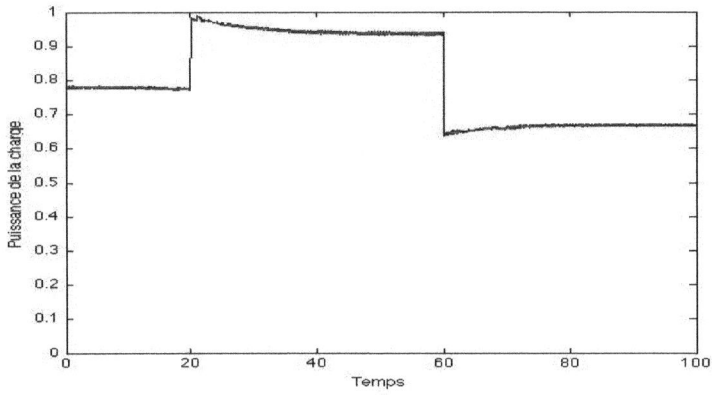

Figure III-9 : Puissance consommée par la charge

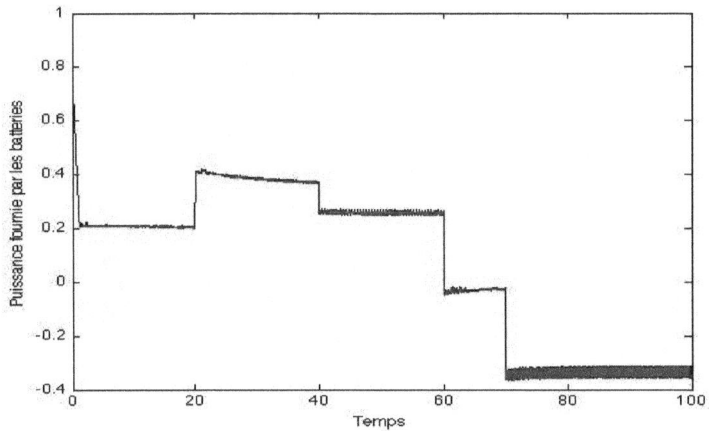

Figure III-10 : flux de puissance dans les batteries

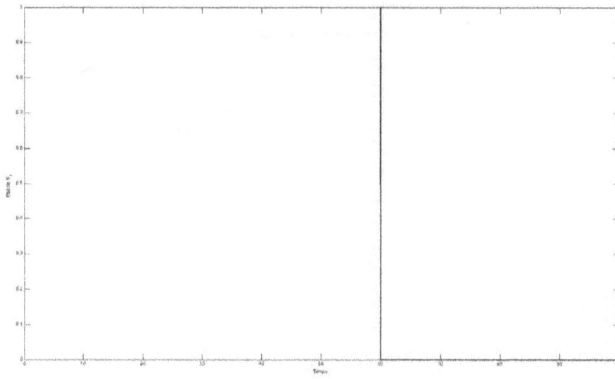

Figure III-11 : Etat de l'interrupteur S_1

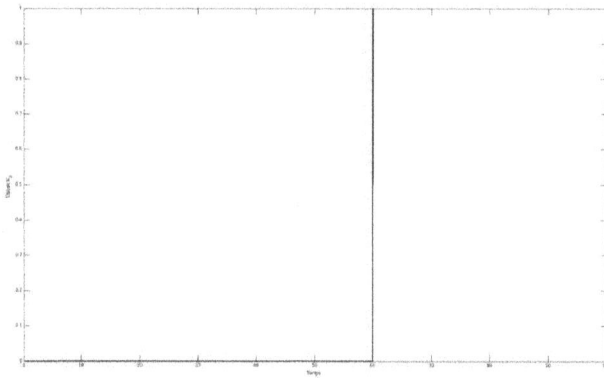

Figure III-12 : Etat de l'interrupteur S_2

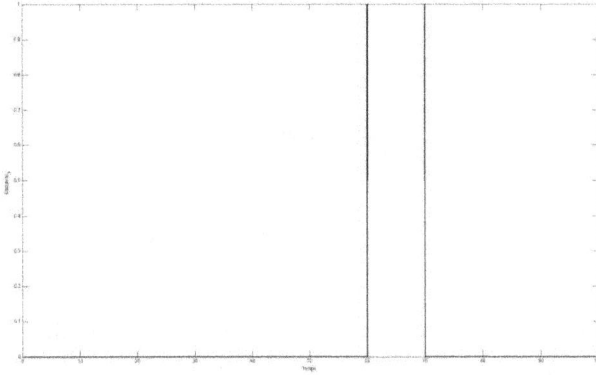

Figure III-13 : Etat de l'interrupteur S_3

III.3. 3. Bilan

Dans cette partie, nous avons développé un superviseur flou permettant une gestion efficace de l'énergie. A travers un exemple de simulation, nous avons montré la gestion efficace du flux d'énergie en minimisant les sollicitations au niveau des batteries.

III.4. Conclusion

Ce chapitre a été dédié au développement d'approche permettant une gestion rationnelle et intelligente de l'énergie dans une installation photovoltaïque. Notre contribution portait sur deux points principaux. Le premier concerne la reconfiguration de l'installation en cas de défaillance des panneaux afin de maximiser la puissance produite et éviter la mise hors du circuit des panneaux qui sont en série avec celui qui est défaillant.

Le second point a porté sur la mise en œuvre d'un superviseur à base de logique floue permettant une gestion rationnelle d'énergie et résoudre les problèmes liés aux sollicitations des batteries. Les résultats de simulation présentés ont permis de montrer l'efficacité de l'approche proposée.

Néanmoins, une étude poussée sur le gain au niveau de durée de vie des batteries doit être menée et trouver une relation analytique avec les nombre de commutation avec celle-ci afin d'intégrer cette information dans la mise en œuvre du superviseur.

Conclusion Générale

Les travaux abordés dans ce livre concernent la commande et l'optimisation d'une installation photovoltaïque produisant de l'électricité dans un site isolé. Avant d'aborder les différents problèmes rencontrés dans ce genre d'installation, nous avons présentés un état de l'art sur les différents des différents éléments qu'on peut y utiliser.

Nous avons montré ensuite la nécessité d'utiliser un algorithme de poursuite de point de puissance maximale ainsi que quelques approches classiques qu'on peut trouer dans la littérature. Nous avons ensuite présenté un nouvel algorithme à base de logique floue permettant d'atteindre ce point de puissance maximale plus rapidement que ces approches tout réduisant la sensibilité en cas de variation brusques de la température ou l'ensoleillement. Des résultats de simulation et des comparaisons ont été présents pour affirmer nos propos.

Dans le but d'optimiser le rendement global de l'installation et de répondre aux contraintes liées à la satisfaction du consommateur, nous nos sommes intéressés à la mise en œuvre de superviseurs. En effet, la plupart des installation reposent sur une architecture fixes ayant un nombre défini de panneaux montés en série et en parallèle afin d'obtenir la puissance nécessaire. Néanmoins, en cas de défaillance d'un panneau, tous ceux qui sont montés en série sont inutilisables. Pour remédier à ce problème, nous avons proposé un superviseur permettant la surveillance de l'état de chaque panneau et en cas de défaillance ou dégradation, une reconfiguration de l'installation est effectuée. L'avantage de cette solution par rapport à celles proposées dans la littérature est l'utilisation de simples commutateurs (switch) au lieu d'équiper chaque panneau d'un convertisseur ou onduleur. Nous nous sommes également intéressés au stockage et la rationalisation de l'utilisation de la puissance produite à travers le développement d'un superviseur par logique floue. Celui-ci permet de gérer d'une manière optimale la production de l'électricité pour répondre d'une manière continue à la demande de l'utilisation. Ainsi, la solution proposée permet de procéder au stockage que dans le cas où nous avons un excédent de production et la batterie n'est pas pleine, à l'opposé des approches classiques où la connexion avec la batterie est continue, ce qui conduit à un vieillissement prématuré de la batterie. Nous avons également rajouté une résistance de dissipation qui permet de se «débarrasser » du surplus de production dans le cas où la batterie est pleine. Ces approches ont été validées par simulation et ont permis de montrer l'apport de ces approches. Néanmoins, seul le cas où la puissance produite est supérieure à la demande est traité.

Dans nos travaux actuels, nous nous intéressons à ce cas par l'ajout d'un superviseur par logique floue permettant le délestage des charges selon leur importance. En effet, il s'agit de donner une priorité pour chaque charge et en cas d'insuffisance d'énergie, les charges les moins « importantes » sont d'abord déconnectées du réseau l'une après l'autre jusqu'à l'obtention d'un équilibre. Nous envisageons également de développer un banc d'essais pour valider expérimentalement ces approches.

Par ailleurs, une étude approfondie de la durée de vie des batteries est très importante. Cette étude nous permettra de d'évaluer ou modéliser l'influence des commutations et le flux d'énergie sur la durée de vie de la batterie. Une telle information peut être prise en compte dans la mise en œuvre du superviseur flou afin de prolonger la durée de vie de l'installation.

Résumé :

Ce travail traite de la commande MPPT et de l'optimisation d'une système photovoltaïque pour un site isolé. Ainsi, nous avons proposé un algorithme par logique floue permettant la poursuite du point de puissance maximal afin de remédier aux inconvénients des méthodes classiques. Ensuite, nous nous sommes intéressés à l'optimisation de la structure de l'installation. En effet, dans les installations classiques, dans le cas de défaillance d'un panneaux, tout le bloc série devient inutilisable, ce qui réduit considérablement les capacités de production de l'installation. Pour résoudre ce problème, nous avons proposé un superviseur permettant la reconfiguration automatique de l'installation de telle sorte que seul le panneaux défaillant est mis hors connexion. Par ailleurs, pour gérer le flux de puissance et pour répondre à la demande de l'utilisateur, nous avons développé un superviseur par logique floue. Ainsi, le surplus de production est stocké systématiquement dans la batterie pour l'utiliser ensuite en cas où la demande dépasse la production. De plus, la structure proposée permet de ne solliciter la batterie en cas de besoin de ce qui permet de prolonger considérablement sa durée de vie.

Bibliographie personnelle

1- Lafi AL OTAIBI,Najib Essounbouliet Frederic Nollet," Intelligent Energy Management in a Photovoltaic Installation Using Fuzzy Logic" International Journal on Sciences and Techniques of Automatic control & computer engineering, 5(2):1576-1585, Tunisie, décembre 2011

2- Lafi AL OTAIBI,Najib Essounbouliet Frederic Nollet "Fuzzy optimization of a photovoltaic installation" 2012 International Conference on Power and Energy Systems (ICPES 2012),Hong Kong

3- Lafi AL OTAIBI,Najib Essounbouliet Frederic Nollet" A Fuzzy supervisor for energy management in a photovoltaic installation" communication soumise a 13th international Conference on Optimization of Electrical and Electronic Equipment , Roumanie

4- Lafi AL OTAIBI, Ayman Al-khazraji " Optimization of perturb and observe Maximum Power Point " 18eme journée du savoir 2012   France Dijon 10 Juin 2012

5- Lafi AL OTAIBI, Ayman Al-khazraji " Maximum Power Point Tracking controller for Photovoltaic energy conversion system " 17ème journée du savoir 2011 France Dijon 19 Juin 2011.

6- Lafi AL OTAIBI Frederic.Nollet, Najib Essounbouli Sustainability in Energy and Buildings, SEB'11   " Optimization of the photovoltaic installation structure" Marseilles, France 1 - 3 June 2011

7- Lafi AL OTAIBI, Frederic Morain-Nicolier, Jerome Landr, Su Ruan 11th international conference on Sciences and Techniques of Automatic control and computer engineering " Decorated initials segmentation " Tunisie – Monastir December 19-21, 2008.

8- Lafi AL OTAIBI, Ayman Al-khazraji "Adaptive Fuzzy Controller using Sliding Mode for a Class of Nonlinear Systems" The 3rd Saudi

International Conference2009 (Poster) United Kingdom Guildford 5-6 June 2009

9- **Lafi AL OTAIBI**, Ayman Al-khazraji "ADAPTIVE NONLINEAR CONTROLLER FOR ROBOTIC SYSTEM " The 3rd Saudi International Conference2009 United Kingdom Guildford 5-6 June 2009

10- **Lafi AL OTAIBI** Fourth Saudi Science Conference "Photovoltaic System using Fuzzy Logic Based Controlle" Saudi Arabia- AL Medina AL Menorah March 21-24 2010

11- Lafi AL OTAIBI, Ayman Al-khazraji "Adaptive Variable Structure Fuzzy Wavelet Network Based Controller for Nonlinear Systems" 15eme journée du savoir 2009 France Dijon 7 Juin 2009

12- "Modélisation Géométrique et Commande des Systèmes Phsiques" France Grenoble 17-21 September 2001

Z. Salameh, D. Taylor, « Step-up maximum power point tracker for photovoltaicarrays », solarenergy, vol. 44, no. 1, pp. 57-61, 1990

N. Femia, G. Petrone, G. Spagnuolo, M., Vitelli, "Optimization of perturb and observe maximum power point tracking method". IEEE Transaction on Power Electronics, vol. 20, pp.963–73, 2005.

K.H. Hussein, I. Muta, T. Hoshino, M. Osakada, "Maximum photovoltaic power tracking: an algorithm for rapidelly changing atmospheric condition", IEE Proc. Gener. Trans. Distrib., vil. 142, no. 1. Pp. 59-64, 1995.

W. Xiao, W. G. Dunford, "A modified adaptive hillclimbing MPPT method for photovoltaic power systems," in *Proceedings of IEEE 35th Annual Power ElectronicsSpecialistsConference,* pp. 1957–19633, 2004.

T. L. Kottas, Y. S. Boutalis, and A. D. Karlis, "New maximum power point tracker for PV arraysusingfuzzycontroller in close cooperationwithfuzzy cognitive networks," *IEEE Transactions on Energy Conversion,* vol. 21, no. 3, pp.793–803, 2006.

C-S Chiu, C-Y Christian, Y-LOuyang ; T- Chiang, P. Liu,"Maximum power control of PV systems via a T-S fuzzy model-basedapproach, the 5th IEEE Conference on IndustrialElectronics and Applications (ICIEA), 2010.

F.Lasnier,T.G.Ang,"PhotovoltaicEngineeringHandbook",IOP Publishing Ltd. 1980, ISBN 0-85274-311-4.

J. A. Gow, C. D. Manning. "Development of a Photovoltaicarray model for use in Power Electronics Simulation Studies", *IEE Proceedings on Electric Power Application*, vol. 146, no. 2, March 1999, pp.193-200

A. Oi, "Design and simulation of photovoltaic water pumping system" Master of Science in Electrical Engineering, Faculty of California Polytechnic State University, 2005.

O. GERGAUD, « Modélisation énergétique et optimisation économique d'un système de production éolien et photovoltaïque couplé au réseau et associé à un accumulateur », Thèse de Doctorat, École Normale Supérieure de Cachan, 2002.

A. CID PASTOR, « Conception et réalisation de modules photovoltaïques électroniques», Thèse de Doctorat, 'Institut National des Sciences Appliquées de Toulouse, France, 2006

B. Wichert, « Control of Photovoltaic-Diesel HybridEnergySystems», Thèse doctorat, Université Technologique de Curtin, 2000.

M.F. Shraif, « Optimisation et mesure de chaîne de conversion d'énergie photovoltaïque en énergie éléctrique », Thèse de doctorat, Université de Paule Sabatier – Toulouse, 2002.

A. AZIZ, « Propriétés électriques des composants électroniques minéraux et organiques, Conception et modélisation d'une chaîne photovoltaïque pour une meilleure exploitation de l'énergie solaire», Thèse de Doctorat, Université de Toulouse III, 2006.

H. Knopf, « Analysis, simulation and evaluation of maximum power point tracking MPPT. Methods for a solarpoweredvehicle», Thesis of Master of Science, Portland State University, 1999

K. Guesmi, "Contribution à la commandefloue d'un convertisseurstatique", Thèse de doctorat, Université de Reims ChamapgneArdenne, 2006.

C. Alonso, B. Estibals, H. Valdirrama, " An overview of MPPT Controls and their fuuredeveloppements", EFP-PEMC, Dubrovnik, Croatia, 2002.

S. Singer, A. Braunstein, "Maximum power transfer from a non linear energy soutrce to an arbitrary load", IEE Proceeding, Vol. 134 (4), 1987.

L. Merwe, G. Merwe, "Maximum power point tracking-implementationstrategies",ISIE'98 Symposium Proc., Vol 1, N°1, pp 214-217, 1998

T. Hiama , S. Kouzuma, T. Imakubo, "Identification of optimal operating point of PV modules using neuralnetwork for real time maximum power tracking control", IEEE Trans. onEnerg.Conv., Vol 10 , N° 2, pp 360-667, 1995.

Hohm, D. P., M. E. Ropp "Comparative Study of Maximum Power Point TrackingAlgorithms" Progress in Photovoltaics: Research and Applications, pp. 47-62, 2002.

K. H. Hussein, I. Muta, T. Hoshino, M. Osakada, "Maximum Photovoltaic Power Tracking: an Algorithm for RapidlyChangingAtmospheric Conditions" IEE ProceedingsGeneration, Transmission and Distribution – Vol. 142, pp. 59-64, 1995.

R. Messenger, J. Ventre, "PhotovoltaicSystems Engineering", 2nd Edition, CRC Press, 2003

N. Femia, G. Petrone, G. Spagnuolo, M. Vitelli, "Optimization of Perturb and observe Maximum Power Point trackingMethod," IEEE Trans. Power Electron., Vol. 20, pp.963-973, 2005.

S. Abouda, F. Nollet, N. Essounbouli, A. Chaari, Y. Koubaa, " Voltage control of a photovoltaic system, 12th International Conference on Sciences and techniques of automatic Control ad Computer Engineering, STA'2011, Sousse, Tunsie, 2011.

L. A. Zadeh, Fuzzy sets, *Information and Control*, pp. 29-44, 1965.

K. V. Passino, S. Yurkovich, *Fuzzy Control*, Addison Wesley Longman, 1998

R. Boukezzoula, "Commandefloued'uneclasse de systèmesnon linéaires: application u problem de suivi de trajectoire", Thèse de doctorat, Université de Savoie, 2000.

N. Essounbouli, "Commandeadaptativefloerobuste des systèmes non linéairesincertains", Thèse de doctorat, Université de Reims ChamapgneArdenne, 2004.

A. Hussain, " Contribution à la commande adaptative robuste par modes glissants", these de doctorat, Université de Reims ChamapgneArdenne, 2009.

www.ingramcontent.com/pod-product-compliance
Lightning Source LLC
Chambersburg PA
CBHW021115210326
41598CB00017B/1444